하루 10분
영어 공부법

내 아이 머릿속 영어 스위치를 켜는

하루 10분 영어 공부법

초 판 1쇄   2019년 11월 20일

지은이 배선아
펴낸이 류종렬

펴낸곳 미다스북스
총괄실장 명상완
책임편집 이다경
책임진행 박새연, 김가영, 신은서
본문교정 최은혜, 강윤희, 정은희

등록 2001년 3월 21일 제2001-000040호
주소 서울시 마포구 양화로 133 서교타워 711호
전화 02) 322-7802~3
팩스 02) 6007-1845
블로그 http://blog.naver.com/midasbooks
전자주소 midasbooks@hanmail.net
페이스북 https://www.facebook.com/midasbooks425

© 배선아, 미다스북스 2019, *Printed in Korea*.

ISBN 978-89-6637-737-4 03590

값 **15,000원**

미다스북스는 다음세대에게 필요한 지혜와 교양을 생각합니다.

내 아이 머릿속 영어 스위치를 켜는

하루 10분
영어 공부법

배선아 지음

미다스북스

유아 영어를 고민하는
부모들을 위하여

현장에서 아이들을 가르치며 선생님과 유치원 그리고 학부모님들 사이에 좁힐 수 없는 의견이 존재한다는 것을 알게 되었다. 같은 상황을 바라보아도 선생님은 특별하게 생각하지 않는 부분에 학부모님들은 큰 의미를 두었다. 반대로 선생님의 관점에서 너무나 중요하다고 여기는 부분을 학부모님들은 대수롭지 않게 여기기도 했다. 그래서 그 당시에는 말하지 못했던 이런 부분을 책을 통해 말해보면 어떨까 생각했다.

이 책에는 나와 우리 아이들이 함께 겪어온 영어 교육 현장이 고스란히 담겨 있다. 아이를 영어유치원에 보내고 있거나, 혹은 앞으로 영어유치원에 보내고 싶은 마음이 있다면 이 책을 펼쳐보길 바란다. 아이들의 영어 유치원 생활을 보며 많이 놀라는 부분도 있을 것이다. 집에서는 마냥 아기 같은 내 아이가 유치원에서 얼마나 열심히 노력했는지 집으로 가져간 결과가 아닌 과정을 볼 수 있기 때문이다. 그동안 부모의 관점에서만 보았던 상황을 아이의 관점에서, 또 선생님의 관점에서 보며 새롭게 이해할 기회가 될 것이다.

영어유치원은 5세부터 시작하여 7세까지 그 교육이 이어진다. 최대 3

년, 최소 1년 동안 아이들은 유치원에서 영어만 쓰는 생활을 하게 된다. 집에서 한국말만 쓰던 아이들이, 영어유치원을 다닌 지 한 달 만에 영어로 말하는 것을 보게 되면서 그저 신기하다고만 생각했을 수 있다. 또 영어유치원을 졸업하는 아이들은 다들 어쩜 그렇게 영어를 입 밖으로 술술 내뱉는지 궁금할지도 모르겠다. 사실 이 부분은 아이들과 함께 생활하며 영어를 가르치는 나조차도 신기하게 느껴질 때가 있다. 얼마 전까지 단어만 나열하던 아이가 갑자기 완벽한 문장을 만들어내고, 영어를 한마디도 못 하던 아이가 갑자기 입만 열면 영어를 쏟아내기 시작하기 때문이다.

하지만 차분히 시간을 거슬러 올라가면 그 답이 있다. 새 학기 첫날 영어 한마디 못하던 아이들과 수업을 통해 얼마나 많은 연습을 했는지 생각해보면 된다. 아이들은 유치원에서 부모님들은 상상도 하지 못하는 노력을 한다. 반복에 반복을 거쳐 나의 것으로 만들려는 노력으로 실력을 차근차근 쌓는다. 나는 이 아이들을 위해 그 노력을 정확하게 쏟을 수 있도록 안내하는 역할을 해왔다.

아이들이 수업에 잘 집중할 수 있는 습관을 새롭게 만들어 주는 것을 시작했다. 아이들에게 어떻게 하면 더 쉽고 즐겁게 수업을 할 수 있을지 끊임없이 고민했으며, 이미 준비된 수업 내용을 시뮬레이션해보다가 더 좋은 아이디어가 나오면 다시 수업 준비를 하기도 했다. 온종일 아이들만 생각하고 수업만 생각했다. 유치원에서 돌아와서도 저녁 내내 하루 동안 있었던 일을 생각하며 아이들을 생각했다. 한 명 한 명 아이들의 성격을 파악하고, 오늘은 무슨 특별한 일이 있었는지 끊임없이 기록했다. 어제와 오늘은 무엇이 달라졌는지 저번 달과 이번 달은 무엇이 변화되었는지 하나도 빠트리고 싶지 않았다. 왜냐면 아이들의 사소한 행동 하나가 바로 수업과 연결되었기 때문이다.

유치부 아이들의 영어 수업은 일반 영어 수업과 다르다. 아이들이 아직 어리기 때문에 환경에 많은 영향을 받는다. 아무리 내가 수업 준비를 잘했다고 해도, 오늘 수업이 아무리 아이가 좋아하는 수업이라고 해도, 아이의 컨디션에 의해 그날 수업이 결정되는 것이다. 그래서 영어 유치부 선생님들은 영어를 가르칠 수 있는 능력과 더불어 아이들을 파악하는 능력도 갖추고 있다.

아직 한국말도 제대로 하지 못하는 아이들에게 영어를 가르치는 수업은 생각보다 힘들다. 그런데도 아이들과의 영어 수업이 늘 기다려지는 이유는 오로지 아이들 때문이었다. 하나를 가르쳐주면 그것을 쏙쏙 흡수하는 아이들을 보면서 행복함을 느꼈기 때문이다. 게다가 수업 시간에 두 개세 개를 더 묻는 아이들을 보고 있으면 없던 힘이 나기도 했다. 배우고자하는 아이들의 반짝이는 눈을 보는 것은 나에겐 축복이었고 더없는 행복이었다. 그래서 만삭의 몸을 이끌고 아이들과의 수업을 계속 이어나갔다. 주위에선 힘들어 보인다며 이제 그만하라고 했지만, 사실은 나도 배 속의 아이도 아이들과 수업할 때 가장 행복했다.

책에 이야기를 풀어내면서 아이들과의 추억 때문에 눈물을 많이 흘렸다. 아이들이 보고 싶어 아이들에게 받았던 손 편지를 꺼내 몇 번이고 읽어보기도 했다. 나는 아이들에게 영어를 가르치는 선생님이었지만, 유치원에서 아이들과 생활하는 시간 동안은 아이들에게 엄마가 되고 싶었다. 아이들과 비밀도 나누고, 함께 웃고 즐기는 추억을 많이 쌓고 싶었다. 그래서 그런지 아이들을 생각하면 함께 영어를 공부했던 시간뿐 아니라, 쉬는 시간에 함께 장난치고, 밥을 같이 먹었던 평범한 일상도 많이 떠오른다.

독자 여러분도 이 책을 읽으며 나와 아이들이 함께한 영어유치원의 교육 현장을 따뜻한 마음으로 바라보셨으면 한다.

2019년 11월
배선아

CONTENTS

PART
I

나는
영어유치원
선생님입니다

아이는 언제
영어로 말하고 싶어할까요?

—

If you want to go fast, go alone. If you want to go far, go together.

빨리 가고 싶다면 혼자 가고, 멀리 가고 싶다면 함께 가세요.

– African Proverb –

아이로부터 영어 말하기를 끌어내는 방법

딩동! 엘리베이터 소리가 들리고 이내 왁자지껄 아이들의 소리가 들린다. "굿 모닝, 티처!" 에너지가 넘치는 아이들을 만나니 오늘이 월요일이라는 것이 실감 난다. 유치원 입구에 들어선 아이들은 저마다 주말에 무슨 일이 있었는지 말하기 바쁘다. 그 때문에 나는 월요일 아침 아이들이 등원을 시작하는 순간 온 신경을 귀로 쏟는다. 아이들의 말을 놓치지 않고 다 듣기 위해서다. 나는 이 시간을 아이들의 영어 골든 타임이라고 부르는데, 아이들과 눈을 맞추고 아이들의 이야기를 듣기 위해 최선을 다한다.

우리 반에는 늘 활발함이 넘치는 귀여운 남자아이가 있다. 장난을 잘 치는 개구쟁이다. 하지만 다른 친구들은 한 번쯤 어길 수 있는 작은 규율도 이 아이는 늘 착착 지키는 바른 아이였다. 그래서 나는 이 아이가 한 번도 규율을 어긴 것을 본 적 없었다.

아이들은 유치원에 도착하면 신고 있던 신발을 신발장에 넣고 실내화로 갈아 신는다. 그런 후 교실로 가서 가방에서 숙제를 꺼내 책상 위에 두고, 개인 사물함에 남은 짐을 정리한다. 이날도 평소와 크게 다르지 않았다. 나는 교실로 들어오는 아이들과 즐겁게 눈인사와 손 인사를 했다. 또 포옹도 크게 하였다. 그렇게 한 명 한 명 아이들과 인사를 하다 보니 어느덧 수업 시간이 되었다. 아이들은 이미 의자에 앉아서 수업 시작을 기다리고 있었다. 그때 어떤 아이가 나에게 말을 했다.

"선생님, 존이 실내화를 안 갈아 신었어요. 실내화를 깜빡하고 안 가져왔나 봐요."

모든 아이의 시선이 존의 신발에 쏠렸다. '어! 그럴 리가 없는데' 나는 아이에게 묻는 대신 황급히 원아 수첩을 꺼내 들었다. 이유를 알아내기 위해서다. 아이의 수첩을 얼른 펼쳐 오늘 날짜의 페이지를 펴보니 무언가 적혀 있었다. 다행이었다. 나는 빠르게 메모를 읽어 내려갔다. '선생님 우리 아이가 주말에 새로 산 신발을 신고 갔습니다. 저와의 약속을 잘 지킨 상으로 아이와 함께 고른 신발입니다. 아이를 보시면 꼭 아는 척해 주세요.' 나는 입가에 미소가 번졌다. 아이가 신발을 갈아 신지 않고 기대하는 얼굴로 앉아 있는 이유를 알게 되었기 때문이다. 자, 그렇다면 이제부터는 나의 연기력을 발휘해야 할 차례다.

수첩을 읽던 나의 시선을 아이에게 고정했다. 그리곤 놀란 얼굴로 아이를 보며 말했다.

"존, 혹시 그때 엄마랑 했던 약속은 아직도 잘 지키고 있어요? 저번에 선생님이 물어봤을 때는 잘 지키고 있었잖아요."

말을 멈추고 아이를 다시 보았다. 아이의 얼굴은 이미 기쁨으로 차오르고 있었다. 나는 말을 이어갔다. "혹시 그 약속을 끝까지 지킨 거예요?" 아이의 얼굴은 설레는 표정에서 금세 자랑스러운 표정으로 바뀌었다. 그리고 나를 보며 활짝 웃기 시작했다. 나는 쉬지 않고 말했다.

"어머! 그 신발. 선생님은 못 보던 아주 멋진 신발인데, 엄마와 약속을 잘 지켜서 산 신발인 거예요?"

아이는 고개를 연신 끄덕였다. 그리고 나와 반 친구들에게 신발에 대해 말을 시작했다. 언제 어디로 가서 어떻게 신발을 골랐는지 자세하게 설명하기 시작했다. 온몸을 써가며 친구들에게 신나게 말했다. 그 모습을 보며 나는 아이의 어머님께 정말 감사한 마음이 들었다. 잊지 않고 공유해주신 작은 메모로 아이의 마음을 헤아릴 수 있었기 때문이다. 게다가 이 정보로 인해 수업을 시작하기도 전 아이의 영어 말문을 활짝 열 수도 있었다. 그것도 너무 행복한 방법으로 말이다.

아이들에게 자발적으로 영어로 말하기를 시키는 일은 절대 쉬운 일이 아니다. 아이들은 스스로가 재미를 느끼지 못하면 말을 하지 않기 때문이다. 하지만 존은 수업을 마치고 집으로 돌아가면, 오늘 있었던 일을 부모에게 신나게 이야기할 것이다. 이 작은 관심으로 인해 아이에게는 온종일 말할 거리가 무궁무진하게 생기게 된 것이다. 그 말을 하는 데 사용한 언어가 영어인지 한국어인지는 중요하지 않다. 아이가 기쁘게 말할 수 있는 순간이 생겼다는 점에 주목해야 한다. 언어는, 영어는 일단 많이 사용하는 사람이 이기는 게임이기 때문이다.

아이들은 칭찬도 참 자세히 잘한다

존은 친구들에게 이야기하는 동시에 많은 축하를 받았다. 친구들은 단순히 신발을 새로 산 사실만 축하하지 않았다. 친구의 선택을 칭찬하고 축하해주었다. 존이 주말에 일어난 일을 설명하고 나자 친구들도 하나둘 말을 시작했다.

"나도 거기 알아. 주말에 나도 아빠와 갔었어. 거기서 나도 그 신발을 봤었는데, 네가 고른 색이 제일 멋지다."

"맞아, 나도 네가 고른 색을 제일 좋아해."

친구들은 칭찬을 구체적으로 해주었다. 이 과정에서 우리 반 아이들은 스스로 말하기 수업을 시작했다. 한 가지 주제에 관한 자기 생각을 말할 수 있었던, 보물 같은 시간이었다.

아이들은 칭찬도 참 자세히 잘한다. 아마도 순수한 마음으로부터 나오기 때문인 것 같다. 그렇기 때문에 칭찬을 받는 아이도, 하는 아이도 더 신나서 이야기하는 것이 아닐까? 만약 이날 내가 아이의 부모님으로부터 아무런 소식을 전달받지 않았더라면 어떤 상황이 발생했을까? 아마도 아이는 온종일 시무룩해졌을 것이다. 어떤 재미있는 수업이 진행되었어도, 도무지 신이 나지 않았을 것이다. 수업에 집중을 못 했을 것이다. 나는 그런 아이를 보며 이유를 알아내기 위해 큰 노력을 기울였겠지만, 결국 알아내지 못했을 것이다. 아이가 너무 실망한 나머지 진짜 이유를 말해주지 않았을 테니 말이다.

결국 아이들 모두 집으로 돌아간 후 존의 어머님께 전화하고 나서야 이유를 알게 되었을 것이다. 이유를 알아낸 후 아이의 마음을 헤아리지 못해 미안한 마음이 들었겠지만, 그때는 이미 상황 종료다.

유치부 아이들은 선생님에게 모든 감정을 다 말해주지 않는다. 그래서 그 감정을 잘 파악하는 것이 중요하다. 아주 잠깐의 순간 아이의 감정을 놓친다면, 그 하루 혹은 일주일은 아이의 기분을 돌려놓기 위해 온 힘을 쏟아야 한다. 영어는 언어이기 때문에 스스로 끊임없이 사용해봐야 한다. 만약 아이가 기분이 좋지 않아 입을 꾹 다물게 되면, 선생님인 내가 할 수 있는 일이 많이 줄어든다. 모든 것은 아이로부터 시작되기 때문에 아이를 잘 파악하는 것이 가장 중요하다. 그래서 월요일 아침, 처음 아이들과 눈을 마주치며 인사하는 그 순간이 중요하다.

주말에 아이들이 무엇을 하고 시간을 보냈는지, 선생님은 늘 궁금하다.
매주 같은 질문을 받는 아이들이, 오늘은 선생님에게 뭐라고 답할 수 있
을지 미리 생각해보자.

What did you do on the weekend?
주말에 뭐 했어요?

I went to the water park with my family.
It was so much fun.
가족들과 물놀이장에 다녀왔는데, 정말 재미있었어요.

영어를 가르치지 않지만, 가르치는 방법

—

Your life does not get better by chance. It gets better by change.

삶은 우연한 기회가 아닌 변화로 나아진다.

– Jim, Cotes Du Rhone –

영어유치원 한 달, 아이들은 여전히 한국어를 사용한다

"휴~ 진짜 긴장된다."

교무실에 모두 모인 선생님들이 속내를 하나둘 털어놨다. 이렇게 긴장할 수밖에 없는 이유는, 오늘이 새 학기 첫날이기 때문이다. 해마다 벌써 몇 번씩이나 겪었어도 늘 긴장이 되는 것은 어쩔 수 없다. 교무실 밖이 조금씩 소란스러워진다. 등원 시간이 되자 아이들은 부모님 손을 잡고 수줍게 유치원에 들어온다. 엄마 뒤에 숨어서 인사도 못 하는 아이. 벌써 아빠

손을 저만치 뿌리치고 교실로 달려가는 아이들을 따라가서 교실 밖에서 먼저 인사를 나눈다. 부모님과 헤어지고 교실로 들어오면 나는 공식적으로 아이들에게 다시 인사를 한다. 그래도 아이들은 아직 선생님을 어색해한다. 선생님의 이름을 기억하지 못하기도 한다. 그래서 첫날은 선생님과 아이들 소개로 시작한다.

"안녕하세요. 반가워요. 선생님 이름은 로지예요."

아이들 눈을 보면서 천천히 인사한다. 물론 한국어로 한다. 기껏 영어유치원을 보냈는데 선생님이 한국어를 쓴다고 의아해하실 수도 있겠다. 하지만 놀라긴 아직 이르다. 인사만 한국어로 하는 것이 아니다. 온종일 아이들과 한국어로 말하고 떠든다. 비밀을 더 말해주자면, 한 달 내내 한국어를 사용한다. 당장 아이를 보낸 영어유치원에 가서 따지고 싶을지도 모르겠다. 하지만 사실이다. 다 이유가 있다.

첫 달의 영어유치원은 일반 유치원과 다르지 않다. 모든 유치원 선생님들이 그러하듯 아이들을 파악하고 유치원에 잘 적응시키는 일부터 한다. 그것이 선행되어야 한다. 그렇지 않으면 아무리 좋은 친구도, 재미있는 선생님도 소용없다. 아이가 유치원 가는 자체에 거부감이 생길 수 있다. 그래서 늘 적응이 먼저다. 그다음 우리의 본래 목표인 영어 교육으로 돌아오면 되는 것이다.

항상 처음이 어렵다. 하지만 첫 단추를 잘 끼우면 그다음 단추는 눈 감고도 끼울 수 있게 된다. 그 때문에 아무리 베테랑 선생님들이라고 해도 첫날, 첫 달은 긴장할 수밖에 없다.

아이들에게 내 소개를 했다. 그렇다면 이제 아이들의 소개를 들을 차례다. 이름을 물어보는 것으로 시작한다. 아이들 얼굴을 보다 나와 가까이에 있는 아이와 눈이 마주친다. 당첨! 바로 이름을 물어보냐고? 아니다. 아직은 이 아이에게 먼저 이름을 말하게 하면 안 된다. 왜냐하면 아직 이 아이의 성격이 어떤지 모르기 때문이다. 또 무슨 성향을 가졌는지도 모른다. 혹시나 이 아이가 내성적이고 부끄러움을 많이 타는 아이라면? 사람들 앞에서 말하는 것을 싫어하는 아이라면? 아마 이 아이로 인해 반 전체 아이들이 자기소개를 다 끝내지 못할 수도 있다. 우물쭈물하다가 아이의 울음이 터질 수도 있다. 그래서 늘 첫 질문에 잘 답할 수 있는 아이를 찾아야 한다. 오늘 우리 반을 이끌어줄 아이 말이다. 이런 아이를 찾는 것이 어려워 보일 수도 있지만 사실은 아주 간단하다. 아이들에게 물어보면 된다.

"나의 멋진 이름을 먼저 친구들에게 말해주고 싶은 사람?"

그러면 아주 재미있는 상황이 펼쳐진다. 이미 유치원을 들어오면서 아이들은 친구들의 얼굴을 익혔다. 신발을 갈아 신으며 손잡고 온 부모의 권

유로 인사도 했을 것이다. 아이들이 인사를 하는 동안 서로의 이름을 물어보지 않았을 것으로 생각하는가? 대부분 이미 다 물어봐서 알고 있다. 이것이 중요하다. 다 알고 있는 사실을 질문하는 것. 아이들은 이름을 말해달라는 나의 질문에 부끄러움보다 빨리 내가 알고 있는 것을 말하고 싶어지는 마음이 커진다.

나의 질문이 끝나자마자 아이들은 손가락을 들어 서로서로 다른 친구를 가리켰다.

"조니야! 네가 먼저 네 이름 말해줘."
"선생님, 탐탐이 말해준대요."
"벨라야, 네가 먼저 말해줘."
"선생님, 제가 먼저 말해볼래요."

대성공! 말문이 터진 아이들은 서서히 긴장이 풀어졌다. 쉽게 모든 아이가 자기 이름을 소개했다. 이제 수업을 시작할 수 있는 분위기가 만들어졌다. 하지만 우리는 십여 년간 학교에 다녀봐서 안다. 첫날은 수업하지 않는다는 사실을. 첫날은 말 그대로 서로를 익히는 날이기 때문이다. 하지만 나는 첫날 무조건 수업을 하는 선생님이다. 무슨 수업이냐면 '섀도잉' 수업을 한다. 영어를 가르치지 않는다고 해놓고 무슨 영어 수업 이야기냐고?

'섀도잉' 수업으로 아이들의 말문을 터뜨려라

영어유치원에는 한국인 선생님 수업과 원어민 선생님 수업이 있다. '섀도잉'은 원어민 선생님 시간에 한마디도 알아듣지도, 말하지도 못하는 아이들을 위한 수업이다. 물론 아이들에게 원어민 선생님 수업 시간에도 언제든지 나의 도움이 필요하면 내가 달려간다고 이야기해준다. 하지만 아주 기초적인 말인 '화장실 가고 싶어요.'와 같은 말은 미리 알아두면 서로가 좋다. 그래서 나는 '섀도잉' 수업을 한다.

'섀도잉' 수업은 이렇게 진행된다. 먼저 내가 아이들에게 영어로 말한다. 그러면 내 목소리를 들은 아이들은 내 말을 소리로 따라 한다. 내가 말하고 아이들이 따라 하는 것을 계속 반복한다. 연습한 지 얼마 지나지 않아 아이들은 나와 동시에 말을 할 수 있는 속도까지 흉내 낸다. 이 과정을 최대한 많이 반복한다.

예를 들어 보자. 내가 아이들에게 'bathroom please?'를 섀도잉 수업으로 정했다고 가정해보자. 그러면 나는 이 말을 아이들에게 크고 정확하게 말한다. 그러면 아이들은 나를 보고 그대로 흉내를 내려고 노력한다. 처음에는 '바…쓰…프?' 이렇게, 들은 만큼 따라 말한다. 하지만 몇 번이고 계속 반복하다 보면 금방 'bathroom please?'라고 따라 한다. 이 말을 반복하면서 내가 말한 속도까지 따라 한다. 말하는 속도가 비슷해지면, 나와 아이들이 동시에 말해본다. 이때 발음과 속도, 억양까지 비슷해졌다면 성공이다.

짧지만 당장 이 표현을 사용하기 위해 나와 아이들은 온종일 연습한다. 여기서 짚고 넘어갈 것이 있다. 이 수업은 단순히 아이들만 표현을 익히는 것이 아니다. 이 수업을 통해서 나도 아이들에게 얻고자 하는 것이 있다. 그것은 소리에 대한 아이들의 반응이다. 나는 이것을 일명 소리 테스트라고 부른다. 아이들이 어떤 소리에 더 집중하는지 알아보는 것이다. 어떤 음역의 소리에 더 반응하는지. 얇은 목소리와 굵은 목소리 중 더 듣기 쉬운 소리는 무엇인지 파악하는 과정이다. 그래서 이 수업을 할 때는 나도 잊고 있던 '일곱 살의 로지'가 나온다. 아이들의 관심을 끌기 위해 로봇이 되었다가 공주도 되었다가 심지어는 동물이 되기도 한다. 현존하는 모든 만화 캐릭터로 끊임없이 변신한다. 그래서 아이들은 이것이 수업인지 모른다. 집에 가면 아이들은 엄마의 물음에 "오늘 온종일 놀고 왔어."라고 말한다. 이것이 영어유치원에서 내가 영어를 가르치지만, 동시에 가르치지 않는 방법이다.

아이마다 혹은 반의 성격에 따라 나는 수업하는 목소리를 바꾼다. 그 이유는 내 수업에 집중하는 소리가 다 다르기 때문이다. 그 때문에 나는 첫 수업 때 '섀도잉' 수업으로 아이들에게 맞는 최적의 목소리를 찾는 과정을 꼭 거친다.

소리! 아이들은 소리에 민감하다. 기분에 따라, 몸의 상태에 따라 아이들은 같은 소리도 다르게 받아들인다. 만일 내가 아이 한 명에게 수업하는 것이라면 그 아이에게 맞추면 된다. 하지만 많은 아이를 위해 수업을 하는 것이라면 약간의 전략이 필요하다. 한 번의 수업으로 최대한 많은 아이가 따라올 수 있게 하는 방법. 선생님으로서 나는 그것을 꾸준히 찾아왔다. 아이들이 더 많이 수업에 집중하고 힘들지 않게 영어를 만날 수 있게 해주고 싶었다.

새 학기가 시작되는 첫 주는 긴장의 연속이다. 새로운 환경에 적응하기 위한 아이들은 긴장한 탓인지 화장실을 자주 가고 싶다고 한다. 그런 아이가 실수하지 않고 화장실을 갈 수 있도록 이 표현만큼은 꼭 알려주자.

Teacher, may I go to the bathroom please?
선생님, 화장실 가도 돼요?

Yes, you may.
네, 가도 좋아요.

No, you may not.
아니요, 가지 마세요.

03 아이마다 받아들이는 속도가 다릅니다

—

Everyone thinks of changing the world,

but no one thinks of changing himself.

모든 사람이 세상을 바꾸려고 하지만, 누구도 자신을 바꾸려고 생각하지는 않습니다.

– Lev Tolstoy –

Excuse me를 모른다고?

초등부 수업을 마치고 교무실로 가고 있었다. 리셉션에서 다급히 나를 불렀다. 내가 수업을 하는 동안, 루비 어머님께 전화가 두 번 왔었다고 했다. 메모를 남겨드린다고 말씀드렸더니, 나와 통화하고 싶다고 하셨다고 했다. 나는 좋은 일이 아닐 것이라는 느낌이 들었다. 아이에게 무슨 일이 생긴 걸까? 걱정이 앞섰다. 그래서 교무실에 돌아와 책을 내려놓기가 무섭게 아이 어머님께 전화를 걸었다.

"어머님, 저 로지예요. 전화하셨다고 해서 수업 끝나자마자 전화를 드려요. 혹시 우리 아이에게 무슨 일이 생겼나요?"

"선생님, 제가 부원장님께 바로 전화를 드리려다 그래도 선생님 말씀을 먼저 들어보는 것이 순서일 것 같아서 전화 기다렸습니다."

수화기 너머 들려오는 어머님의 목소리는 다급함 없이 차분했다. 다행이었다. 적어도 아이에게 무슨 일이 일어난 것은 아니기 때문이었다. 다만 목소리에 최대한 화를 참고 말하는 것이 느껴졌다. 그래서 무슨 일인지 바로 여쭤보니, 어머님 말씀이 아이가 'Excuse me'를 모른다는 것이다. 영어유치원을 다니는 아이가 'Excuse me'를 모르는 것이 말이 되냐고 하셨다. 그동안 무엇을 배웠는지 모르겠다고 하셨다. 아이는 당시 5세였고, 이때는 2학기가 막 시작된 시점이었다. 나는 의아했다. 왜냐면 유치원에서 빈번히 사용하는 기본적인 이 표현을 아이가 모를 리 없었기 때문이다. 어디서부터 잘못된 걸까? 나는 이 어머님이 이유 없이 말씀하실 분이 아닌 것을 알고 있었다. 그래서 자세한 상황 설명을 부탁드렸다.

상황은 이러했다. 어머님은 아이와 놀아주기 위해 집에 있는 책을 하나 읽기 시작했다. 그 책은 글씨가 별로 없고, 그림이 아주 큰 그림책이었다. 어머님 생각엔 너무 쉬운 단어로만 구성된 레벨이 아주 낮은 책이었지만 한 장 한 장 넘기며 재미있게 읽어주고 있었다. 그런데 아이가 다른 단어는 척척 읽어내면서 'Excuse me'는 유치원에서 배우지 않은 단어라 모른다고 했다. 몇 번이나 물어봤지만 아이는 모른다고 했고, 결국 화를 내며 울었다는 것이다. 이야기를 듣고 나서야 무슨 일이 있었는지 상황이 대충 그려졌다. 그래서 어머님께 질문을 몇 가지 드렸다.

1. 그림책의 제목과 저자는 누구인지
2. 책을 읽을 때 아이와 엄마 중 누가 먼저 읽기 시작했는지
3. 책을 읽기 전 아이는 무엇을 하고 있었는지

질문을 들으시고 어머님은 자세히 답을 해주셨다. 나는 어머님으로부터 답을 듣고 나서야 확실하게 상황이 파악되었다. 어머님의 설명과 질문들의 답을 더한 당시 상황은 이렇다.

아이는 본인이 좋아하는 로봇 장난감을 들고 재미있게 만화를 보고 있었다. 마침 설거지를 마친 엄마가 책을 읽으며 같이 놀자고 했다. 아이는 만화를 계속 보고 싶었지만, 엄마와 노는 것을 선택했다. 그림책을 하나 꺼내와 책을 펼치자 엄마가 글자를 가리키며, '이거 어떻게 읽어?'라고 질문을 했다. 아직 글씨를 잘 읽을 줄 모르는 아이에게도 유치원에서 배운 익숙한 글씨가 보였다. 그래서 대답을 했다. 엄마는 손뼉을 치며 다른 것도 물어봤다. 이번에는 그림을 보고 말했다. 엄마는 잘한다며 또 다른 것을 물어봤다. 아이는 엄마가 책을 읽어주는 것을 기대했지만 엄마는 책을 읽어주지 않았다. 계속 질문만 했다. 아이는 점점 재미가 없어졌다. 그때 엄마가 'Excuse me'를 물어봤다. 아이는 엄마에게 모른다고 대답했다. 정

말 몰랐기 때문이다. 아이는 단 한 번도 'Excuse me'를 책에서 본 적이 없었다. 그러자 엄마는 '왜 몰라?' 하며 아이에게 계속 질문을 했다. 아이는 결국 화가 났다. 그리고 울음이 터졌버렸다.

부모의 입장이 아닌, 아이의 입장에서

어머님의 입장이 아닌 아이와 선생님의 입장에서, 하나씩 설명해드리기 시작했다.

"어머님, 먼저 아이가 'Excuse me'를 모른다는 것은 반은 맞고 반은 틀립니다. 5세 1년 차 아이들은 1학기 내내 영어 소리에 익숙해지는 것을 배웠습니다. 만약 'Excuse me'를 소리로 들었다면 아이는 안다고 대답했을 것입니다. 하지만 책으로 본 글자가 아직 생소하여 모른다고 답한 것입니다.

또 어머님이 말씀해주신 책은 절대 낮은 레벨의 책이 아닙니다. 그림이 많다고 혹은 어른이 보기에 쉬워 보인다고 레벨이 낮은 것은 아닙니다. 책의 레벨을 결정하는 것은 책의 단어들입니다. 하지만 그 책의 단어들은 아직 아이가 읽을 수 있는 단어들이 아닙니다. 예를 들어 'Excuse me'는 어른들에게는 엄청 쉬운 단어일 수 있습니다. 하지만 5세 아이에게는 그렇지 않습니다. 물론 이 단어들을 아이가 평소에 자주 사용합니다. 하지만 한 번도 수업 시간에 책을 통해 읽어보지 않았습니다. 그렇기 때문에 생소했었을 것입니다. 지금 아이는 5세입니다. 글을 읽을 수 있는지 없는지 보다는 영어를 즐겁게 사용하고 있다는 사실이 더 중요합니다.

　또 하나를 말씀드리자면, 아이의 놀이를 방해하지 말아주세요. 아이가 한창 놀이를 하는 중이라면 기다려주세요. 책 읽기를 하나의 놀이로 받아들이게 하려면 더욱더 기다리셔야 합니다. 책을 읽기 위해 놀이가 저지된다면 아이는 놀이에 집중할 수 없게 됩니다. 그러면 당연히 재미가 없어지고 책은 놀이를 방해하는 것이라는 인식이 생기게 됩니다. 그러니 아이가 책을 읽기 전 하는 놀이가 있었다면 스스로 놀이를 마칠 때까지 기다려주세요. 그런 후 책을 읽어도 늦지 않습니다."

　통화가 진행되면서 아이의 어머님은 점점 화가 누그러지셨다. 하나하나 설명을 들으며, 오해가 풀렸다고 말씀하셨다. 그래서 어머님께 다시 말씀을 드렸다.

　"어머님, 아이는 지금 너무 잘하고 있습니다. 다만, 반 친구들과 속도 면에서 차이가 생길 수도 있습니다. 영어는 언어입니다. 그렇기 때문에 표면으로 나타나는 영어 실력이 다 다를 수밖에 없어요. 사실 다 알고 있는 내용도 아이에 따라 감추기도 하고 더 드러내기도 합니다. 이것은 아이들의 성향이기 때문에 어머님께서 조금 더 여유를 가지고 아이를 믿으며 기다려주셔야 합니다. 그러면 아이는 반드시 실력으로 보여줍니다. 그때까지 저도 열심히 아이를 지도하겠습니다."

우리 아이들은 평소에 한국말만 듣고 쓴다. 그러다가 영어유치원에 오는 순간 갑자기 영어만 쓰게 되는 환경에 놓이게 된다. 잘 알지도 못하는 영어 행성에 뚝 떨어지게 되는 것이다. 우리는 아이 입장에서 영어만 사용하는 이 환경이 얼마나 낯설고 적응이 안 될지 상상을 해봐야 한다. 부모가 이미 알고 있다고 해서 그것을 아이도 알 것이라는 섣부른 생각을 거두시길 바란다. 아이들이라 뭐든 빠르고 쉽게 배우는 것 같다. 하지만 아이는 본인이 무엇을 알고 있는지, 무엇을 모르는지 정리하기도 힘든 상태이다. 다만 지금도 하나하나 최선을 다해 알아가려고 노력하고 있을 뿐이다. 이 노력에 응원과 박수를 보내며 천천히 아이를 기다려주시는 것은 어떨지 생각해본다.

매일 아침 만나는 선생님들과 꼭 하는 아침 인사. 처음에는 어색해하다
가도 한 달만 지나면 아이들이 먼저 인사를 건넨다. 이런 아이들에게 모
두 인사하느라 선생님의 아침 인사는 끝이 없다.

Good morning, how are you today?
좋은 아침이에요. 오늘 기분 어때요?

Good morning, I'm happy, how about you?
좋은 아침이에요. 저는 행복해요. 선생님은요?

I'm great, thanks for asking.
나도 좋아요. 물어봐 줘서 고마워요.

04 아이에게 맞는 방식은 따로 있습니다

—

It's not how much we give, but how much love we put into giving.

얼마나 많이 주느냐보다 얼마나 많은 사랑을 담느냐가 중요하다.

– Mother Teresa –

아이들의 자신감을 심어주는 첫 번째 방법: 미니언즈 낭독

학기 초 설렘을 가지고 아이들을 만난 후 고심했던 것이 있다. '개성이 다 다른 우리 아이들을 어떻게 하나로 만들 것인가?'에 관한 것이다. 특히 5~7세 아이들은 아직 공부라는 것에 익숙하지 않다. 그 때문에 2학기만 돼도 충분히 혼자 할 수 있는 일도, 1학기 때는 혼자 해결하기 힘든 높은 태산과도 같이 느낀다. 그래서 아이들 한 명 한 명이 아닌, 반 전체가 같이 그 산을 넘을 수 있게 해주어야 한다. 서로 응원해주고 밀어주고 이끌어주는 과정이 필요하다. 그것이 개인의 힘이든 팀의 힘이든 해냈다는 사실에 아이들은 자신감을 얻는다.

처음으로 사회 활동을 시작하는 아이들이 친구들과 모든 것을 함께 하기란 쉽지 않다. 특히 요즘은 외동아이가 많아져 유치원에서 처음 또래와 어울리는 경험을 하는 아이가 많다. 그래서 사소한 문제들이 큰 문제로 쉽게 변하기도 한다. 예를 들어 친구들의 물건을 소중히 사용하지 않거나, 나누어 쓰는 방법을 모른다. 놀이할 때 본인이 중심이라 친구가 들어올 자리가 없다. 내 입장만 주장하기 바쁘고 자꾸 친구들을 이르게 된다. 그래서 나는 아이들을 하나로 모으는 여러 방법을 찾아야만 했다. 그 결과, 여러 시행착오를 겪으면서 아주 효과적인 두 가지 방법을 발견했다. 가정에서도 아이와 함께 쉽게 따라 할 수 있는 방법이다.

첫 번째는 '미니언즈 낭독'이다. 아이들의 자신감과 겸손함을 동시에 키워주기 위해 만들었다. 아이들이 글씨만 보면 지루할 것 같아 미니언즈 캐릭터를 넣어서 만들었다. 생각보다 아이들의 반응은 폭발적이었다. 나중에는 우리 반 암호처럼 내가 미니언즈! 하고 외치면, 아이들은 모든 일을 멈추고 낭독 준비를 시작했다.

방법은 간단하다. 내가 선창하면 아이들이 따라 하는 방식이다. 문장이 아주 쉬워서 우리 반 아이들은 이 낭독을 시작한 지 2주 만에 문장들을 다 외웠었다. 그 후엔 자료를 보지 않고, 서로의 얼굴과 눈을 보면서 했다. 그 문장들을 소개한다.

"Repeat after me." 나를 따라 해보세요.

"I am strong." 나는 강합니다.

"I am smart." 나는 똑똑합니다.

"I work hard." 나는 열심히 공부합니다.

"I am beautiful." / "I am handsome."
나는 예쁩니다. / 나는 잘생겼습니다.

"I am respectful." 나는 예의가 바릅니다.

"I am not better than anyone."
나는 누구보다 뛰어나지 않습니다.

"No one is better than me."
그 누구도 나보다 뛰어나지 않습니다.

"I am amazing." 나는 대단합니다.

"I am great." 나는 좋은 사람입니다.

"I am Rosie(name)." 나는 로지(이름)입니다.

"If I fall down, I get back up."
나는 넘어져도, 다시 일어날 수 있습니다.

"What are you?" 당신은 누구십니까?

"I am blessed. We are (class name)."

나는 축복받은 사람입니다. 우리는 ○○반 학생입니다.

"What are you?" 마지막 질문은 선생님만 한다. 그러면 학생들이 답으로 마지막 문장을 말한다. 이것이 '미니언즈'이다. 생각보다 특별한 문장이 없다는 생각이 들 수도, 너무 평범한 문장들이라는 생각이 들 수도 있다. 그렇게 보일 수도 있겠다. 하지만 이 문장들 안에는 엄청난 힘이 들어 있다. 나를 믿고 매일 아침이나 자기 전 아이들과 해보길 추천한다. 장담컨대, 한 달도 안 되어 아이가 변하는 모습을 보게 될 것이다. 실제 우리 반 아이들도, 이 문장들을 듣고 따라 하면서 크게 바뀌었다. 긍정적인 단어를 많이 쓰게 되었고, 배려심과 자신감이 높아졌다.

아이들의 자신감을 심어주는 두 번째 방법: 칭찬하기

두 번째는 '칭찬'이다. 너무나 식상한 방법이라고 생각할지 모르겠다. 그런데 이 칭찬은 선생님이 학생에게 하는 칭찬이 아니다. 물론 나는 선생님으로서 아이들에게 늘 칭찬을 해준다. 하지만 이 '칭찬'은 친구들이 친구들에게 해주는 시간을 말한다.

칭찬 시간은 이렇게 진행된다. 책을 꺼내 놓기 전 깨끗한 책상을 바라보며 앉는다. 손을 무릎 위에 가지런히 올려놓고, 친구들의 얼굴을 천천히 바라본다. 짧은 시간 동안 칭찬하고 싶은 친구에 대한 칭찬 거리를 찾는다. 그리고 본인 차례가 되면, 칭찬하고 싶은 친구에게 칭찬한다. 그렇게 반 아이들 모두 다 칭찬을 하면 끝난다. 간단해 보인다. 하지만 사실 처음 아이들이 서로에게 칭찬하기가 쉽지는 않았다. 아이들이 너무 부끄러워했다. 칭찬하는 아이도, 칭찬받는 아이도 그렇게 쑥스러울 수가 없었다. 한참을 망설이다 겨우 꺼낸 칭찬은 한마디로 끝나기 일쑤였다.

"줄리엣, 네 머리핀 예뻐."
"브라운, 네 바지가 멋있어."

이렇게 짧은 칭찬을 겨우 하던 아이들이 매일 칭찬하는 연습을 하게 되면서 점점 구체적으로 칭찬하기 시작했다.

"어제 내가 그림 그릴 때 파란색 색연필을 빌려줘서 정말 고마워."
"오늘 아침 션이 진의 신발을 벗는 것을 도와주는 것을 봤는데, 그 모습이 너무 예뻤어."

시간이 지나면서 아이들의 칭찬 실력이 높아졌다. 게다가 '칭찬 시간'이 아닌데도 아이들이 자발적으로 서로를 칭찬하는 횟수가 늘어갔다. 친구의 작은 도움에도 그냥 '고마워'가 아닌, '이렇게 해줘서 고마워.' '아니야 내가 더 고마워.' 칭찬이 계속 이어졌다. 심지어는 나에게도 '선생님이 아까 이렇게 도와주셔서 정말 고마웠어요.' 하는 칭찬을 해주기도 했다. 시간이 지날수록 아이들 모두 칭찬을 하는 것이 자연스러워졌다. 칭찬하기가 더 이상 부끄럽고 쑥스럽지 않게 되었다.

　우리 반이 했던 것처럼 가정에서도 아이에게 칭찬하는 것을 시도해보시길 바란다. 칭찬이 구체적일수록 받는 아이는 더 행복해한다. 또 칭찬을 받을 때마다 아이의 머릿속에는 칭찬데이터가 쌓인다. 이 일을 이렇게 했더니 칭찬을 받네? 아이 스스로 알아가는 부분이 생긴다. 그리고 아이에게 계속 칭찬을 하다 보면 어느 순간 아이도 부모에게 칭찬해주기 시작한다. 생각보다 아이들에게 받는 칭찬이 꽤 행복하다. 저절로 어깨가 으쓱 올라가는 즐거움을 맛보게 될 것이다.

　영어를 배우기 전, 아이들은 준비 과정이 필요하다. 이 과정들은 생각보다 양이 많고 시간이 걸릴 수 있다. 그래서 아이들의 영어 실력을 빠르게 끌어올려야 하는 사교육 현장에서는 이런 준비 과정이 질타를 받을 수도 있겠다. 그 시간에 수업 진도를 더 나가야 한다고 말이다. 하지만 나는 우리 아이들이 보여주기식 영어만 잘하는 아이가 되지 않길 바랐다. 스스로 계속 영어를 공부하는 힘을 길러주고 싶었다. 영어는 언어이다. 그 때문에 끝없는 노력이 필요하다. 그 힘은 이러한 마음가짐, 행동에서 나온다고 믿었다.

　결과적으로 놓고 보면, 우리 반 아이들은 다른 반 아이들보다 두 배는 더 많은 공부의 양을 소화했다. 아이들은 지칠 때마다 서로 응원을 해주면서 그 많은 것들을 해냈다. 그렇게 할 수 있었던 비결의 씨앗은 바로 '미니 언즈 낭독'과 '칭찬의 시간'이었다.

아이들은 자랑하고 인정받는 것을 좋아한다. 작은 것이라도 스스로 해내게 되면, 본인이 무엇을 해냈는지 알리고 싶어 한다. 우리 아이가 자랑을 마음껏 할 수 있도록, 아이와 함께 표현을 미리 연습해보자.

Teacher, look what I made in art class!
선생님, 제가 미술 시간에 무엇을 만들었는지 보세요!

Wow! Did you do it all by yourself?
우와! 혼자 다 만든 거예요?

Yes, I did.
네, 저 혼자 만들었어요.

05 아이의 마음을 알아주는 특별한 비밀

—

Nothing great in the world has been accomplished without passion.

이 세상의 모든 위대한 것들은 열정으로 이루어졌다.

– George Wilhelm

승자도 패자도 서로에게 필요한 예의가 있다

아이들은 일주일에 한 번 체육 수업을 교실이 아닌 태권도장에서 한다. 그런 아이들을 보기 위해 오늘 태권도장에 왔다. 매번 아이들의 체육 수업을 보고 싶을 때마다 급히 처리해야 할 일이 생겨 한 번도 보지 못했었다. 그런데 오늘은 마침 시간이 생겼다. 그동안 너무 궁금했다. 우리 아이들은 체육을 할 때 어떤 얼굴을 하고 있을까? 아마도 세상에서 가장 행복한 얼굴을 하고 있겠지? 오늘은 또 무슨 재미있는 수업을 하고 있을까? 아이들을 보러 온 나는 이미 아이들만큼이나 들떠 있었다.

큰 창 넘어 아이들이 보인다. 반별로 팀을 나누어서 줄다리기를 하고 있었는데, 마침 우리 반 차례가 되었다. 갑자기 손에 땀이 난다. 양쪽 다 우리 반 아이들인데 내가 왜 긴장을 하는 건지 모르겠다. 하지만 이런 긴장이 무색할 만큼 경기는 빨리 끝나버렸다. 몇 번 영차 하더니 이내 승패가 갈렸다. 이긴 팀은 기뻐서 깡충깡충 점프하며 환호하고, 진 팀은 세상이 끝난 것처럼 풀이 죽었다. 이런 아이들을 보니 마음이 기쁘기도 하고 짠하기도 했다. 경기하다 보면 이길 수도 있고 질 수도 있다. 승패가 결정 나는 경기를 했으니 당연하다. 그런데 이상하다. 승패가 결정되는 경기가 끝난 후에 있어야 할 마무리가 없었다. 예를 들어, 이긴 팀은 진 팀을 격려해주고 진 팀은 이긴 팀을 기쁘게 축하해주는 이런 기본 예의 말이다.

"선생님, 오늘 줄다리기를 했는데 우리 팀이 이겼어요. 보셨어요?"
"선생님, 그건 반칙이었어요. 시작 전에 저쪽 아이들이 먼저 줄을 잡아당겼단 말이에요."

진 팀의 아이들은 금방이라도 눈물이 떨어질 것 같은 얼굴로 나한테 속상함을 털어놓기 시작했다. 그런 아이들을 다독이며 교실로 돌아왔다. 다른 날 같으면 아이들과 신나게 체육 수업에 관해 이야기하며 땀을 식혔겠지만 오늘은 그럴 수 없었다. 아이들을 자리에 앉히고 천천히 이야기를 시작했다.

"오늘 체육 시간은 즐겁게 보냈나요? 선생님 눈엔 즐거운 친구 얼굴도 보이고 그렇지 않은 친구 얼굴도 보여요. 혹시 줄다리기에서 진 친구들은 아직도 진 것에 대해 너무 속상한가요? 선생님은 속상해요. 여러분이 경기에 져서 속상해요. 그리고 이긴 친구들에게 잘했다고 진심으로 축하해주지 않아서 속상해요.

줄다리기에서 이긴 친구들은 지금 마음이 어떤가요? 이겨서 행복한가요? 선생님도 너무 행복합니다. 멋지게 경기에 이겨서 자랑스러워요. 그런데 우리 친구들이 진 친구들에게 진심을 담아 격려를 해준다면 더 자랑스러울 것 같아요. '경기를 너희와 함께 할 수 있어서 재미있었어. 이번엔 우리가 이겼지만, 열심히 했던 너희 모습도 멋있었어.'라고 말해주는 거예요. 지금, 고개를 돌려 친구를 바라보고, 진심으로 축하와 격려를 해주는 시간을 가져보는 건 어떨까요?"

아이들은 고개를 돌려 서로를 보았다. 처음엔 어색해하더니 이내 친구들에게 교실이 떠나갈 듯 큰 소리로 축하한다. 멋지다. 말을 전했다. 나는 이런 어려운 부탁을 해도, 멋지게 해내는 우리 아이들이 너무 자랑스러웠다. 축하와 격려의 시간을 마치고 우리는 다시 일상으로 돌아왔다. 내가 제일 좋아하는 시간, 아이들이 가장 신나는 시간, 바로 아이들에게 체육 시간에 있었던 일을 듣는 시간이다.

나는 아이들에게 정말 많은 기대를 하는 선생님인 것 같다. 그런데 그 기대가 영어 일등은 아니다. 어쩌면 영어유치원 선생님으로선 부적절한 마음일지도 모르겠다. 하지만 나는 우리 아이들이 공부만 잘하는 아이가 되지 않았으면 했다. 바르고, 자신을 사랑하고 또 친구들을 아껴주는 아이들이 되었으면 좋겠다고 생각했다. 영어유치원을 다니는 아이들에게 영어 일등은 언제든지 가능하다. 그러니 그것이 목표가 돼서는 안 된다고 생각했다.

그래서 나는 아이들의 리더가 되려고 노력했다. 가끔 이런 상황이 생기면 어쩔 수 없이 선생님이 되어야 하지만 다시 빨리 리더로 돌아오기 위해 노력했다. 왜냐면 아이들의 선생님에서 리더가 되는 순간 아이들과 할 수 있는 것들이 많아진다는 것을 알게 되었기 때문이다. 리더로서 아이들의 그룹 안에 속하게 되면 진짜 아이들의 생각을 엿볼 수 있다. 아이들을 더 많이 이해할 수 있게 되면 자연히 아이들의 부모님들과도 더 많은 소통을 할 수 있게 된다.

로지 선생님은 해결사

학부모님들과 상담을 할 때 종종 듣는 말이 있다.

"선생님, 우리 아이는 집에서 제 말을 정말 너무 안 들어요. 그제도 숙제하라고 한 시간을 넘게 말했는데 결국 안 하고 유치원에 가더라고요. 그런데 오늘은 집에 오자마자 선생님이 숙제해야 한다고 했다고 벌써 다 끝내고 놀고 있네요. 어떻게 말씀하신 거예요?"

나는 아이에게 숙제해오라고 말했을 뿐이라고 말씀드린다. 사실 진짜 특별한 방법을 쓴 것이 아니었기 때문이다. 다만 이런 경우 나는 아이에게 숙제해야 한다고 말하기 전에 더 많은 질문을 한다. 선생님과 엄마의 관점이 아닌 아이의 관점에서 물어본다. 아이는 나의 질문에 왜 숙제를 하지 않게 되었는지 곰곰이 생각해보게 된다. 그 과정에서 아이 스스로가 숙제를 안 하게 된 이유를 찾는다. 그리고 그 이유를 찾으면서 반대로 숙제를 해야 하는 이유도 찾아낸다. 숙제해야 하는 이유를 찾은 아이에게 더 무슨 말이 필요하랴. 아이는 부모가 이야기하지 않아도 스스로 숙제를 시작하고 끝내게 되는 것이다.

봄에서 여름으로 넘어갈 때쯤이었던 것으로 기억한다. 갑자기 날씨가 더워져 아이들이 수업 시간에 에어컨 온도를 낮춰 달라고 요구할 정도였다. 게다가 우리 아이들은 매일 여기저기 뛰어다니다 보니 늘 '더워'라는 말을 입에 달고 살았다. 그래서 체육이라도 하는 날이면 나는 비상이 걸렸다. 체육 수업이 끝나는 시간에 맞춰 땀을 닦을 수건과 차가운 물 그리고 아이들 머리를 정리해줄 빗을 들고 대기를 한다. 땀에 젖은 아이들이 에어컨 바람을 맞아 감기에 걸릴까 염려되기 때문이었다. 이날도 체육을 끝내고 온 아이들의 땀을 한 명씩 닦아주는데, 유난히 땀을 더 많이 흘리는 아이가 있었다. 왜 이렇게 땀을 많이 흘리지? 오늘 컨디션이 안 좋은가? 아이의 이마에 손을 갖다 댔다. 딱히 이마가 뜨겁지 않았다. 이상하다고 생각하며 아이를 내려다보는 순간 이유를 알 수 있었다. 아이는 긴 청바지를 입고 있었다. 얇은 긴바지를 입어도 더운 날씨였다. 아이의 땀을 닦아주며 내일은 반바지를 입고 오자고 이야기했다. 아이는 대답 대신 멋쩍은 표정을 하곤 도망을 갔다.

그날 아이의 어머님과 통화를 했다. 아이가 땀을 많이 흘리니 반바지를 입혀 보내 달라고 말씀드렸다. 그랬더니 어머님께선 안 그래도 아이와 아침마다 전쟁을 벌인다고 하셨다. 반바지를 입고 가라고 해도, 옷장에서 긴 청바지를 꺼내와 입고 간다는 것이었다. 그래서 나는 어머님께 아이가 긴바지를 입으려고 하는 이유가 따로 있는지 여쭈었다. 어머님 말씀이 아버님이 항상 긴바지를 입고 출근을 하시는데, 그 모습이 멋있다고 생각하고 있는 것 같다고 하셨다. 이야기를 듣는 동안 아이가 너무 귀여워 꼭 안아주고 싶었다.

통화 마지막에 어머님께 오늘 로지 선생님이 전화했었다고 아이에게 전해달라고 부탁드렸다. 우리 반에서 가장 멋있는 로빈이 요즘 점점 더 멋있어지고 있다고. 특히 반바지를 입고 올 때가 가장 멋있었는데, 요즘은 왜 안 입는지 궁금해서 전화했었다고 전해달라고 말씀드렸다. 다음날 아이는 반바지를 입고 왔다. 아주 멋진 표정을 하고 와서 나에게 인사했다. 나는 아이에게 귓속말로 말해주었다.

'오늘 로빈이 세상에서 가장 멋져요.'

아이는 그다음 날도 또 그다음 날도 반바지를 입고 왔다.

아이들에게 수만 가지 가면이 있다는 사실을 5~7세 아이를 둔 학부모님이라면 아실 것이다. 나는 그 가면들을 잘 알고 있다. 집에서는 많아야 두 개 세 개를 사용하는 아이들도, 밖에서는 열 개 스무 개도 더 사용한다. 그래서 가정에서 부모님들이 하지 못하는 일을 나는 선생님이기 때문에 쉽게 할 수 있는 것이다. 예를 들면 스스로 숙제하게 만들기, 반바지 입기 같은 것들이다. 이것이 뭐 큰일이냐고 생각할 수 있다. 하지만 요맘때 아이들은 한 번 안 하겠다고 마음을 먹으면 그 마음을 돌리기가 너무 어렵다. 그럴 때 내가 필요하다. 아이들과 부모님들을 연결해주는 다리가 되는 것이다. 부모님들이 기꺼이 도움을 요청할 수 있는 사람, 아이들의 비밀을 지켜주는 사람 말이다. 아이들의 고민도 부모님들과 함께 하는 그런 특별한 선생님이 되고 싶었다.

아이와 함께하는 하루 10분 영어 한마디

아이들에게 가장 중요한 날인 생일이 언제인지 물어보는 것만으로도,
아이들은 무척이나 행복해한다. 본인의 생일 달과 날짜를 영어로 말할
때 절대 틀리는 법이 없다. 유치원에 가기 전 아이의 생일은 스스로 말
할 수 있게 알려주자.

When is your birthday?
생일이 언제예요?

It's on the 28th of July.
7월 28일이에요.

누구를, 무엇을 위한
영어유치원인가요?

—

Regret for wasted time in more wasted time.

낭비한 시간에 대한 후회는 더 큰 시간 낭비이다.

– Mason Cooley –

유치원에 오지 않는 아이들

"선생님, 저 다음 주 유치원에 못 와요. 일주일 동안 여행 가요."

한 달에 한 번 정도 나는 우리 반 아이 중 적어도 한 명을 볼 수 없다. 아이들이 여행을 떠나기 때문이다. 부모님들은 아이들과 좋은 추억을 쌓기 위해 함께 여행을 자주 떠난다. 그러면 나는 잠깐 여행을 간 아이들이 그렇게 보고 싶을 수가 없다. 언제 아이가 돌아오나 달력을 매일 확인한다.

나는 아이들이 여행에 관한 이야기를 들려줄 때가 제일 좋다. 이야기를 시작하는 아이의 눈빛이 반짝반짝 빛나기 때문이다. 또 말을 하면서 다음 이야기를 생각하느라 아이의 눈동자가 올라갔다 내려갔다 하는 것을 볼 때면 심장이 멎는 것 같다. 그 모습이 그렇게 귀엽게 보일 수가 없다. 여행을 다녀온 후 햇볕에 그을은 얼굴들은 또 얼마나 사랑스러운지. 아이를 다시 만나면 행복이 더 솟아나는 것 같다.

　하지만 문제가 있다. 일주일 동안 빠진 수업을 보충하는 문제이다. 이 문제를 두고 부모님들께 여쭈어보고 싶다. 혹시 아이의 유치원 스케줄을 정확히 알고 계시는지, 일주일 동안 아이들의 진도가 얼만큼 나가는지를 아시는지 말이다. 시간표를 통해 보이는 수업의 양과 실제 수업 시간의 양이 다르다. 수업 양이 시간표에 적힌 것과 다르다는 것이 아니라, 아이들이 체감하는 정도가 다르다는 것이다.

　예를 들어 시간표에 오늘의 진도가 책 한 장이라고 해보자. 오늘의 진도인 그 책 한 장이 과연 책 한 장일까? 아이들은 그 한 장을 배우기 위해 수업 시간 내내 이해의 시간을 거쳐야 한다. 수업 시간 동안 잘 집중하고 들어야 그 한 장을 풀어낼 수 있다. 반대로 어떤 날은 장 수가 많다. 하지만 이미 이전 수업에 다 배우고 이해한 것들이다. 그래서 그 많은 양을 한 수업에 끝내기도 한다. 그 때문에 가끔 부모님들께 질문을 받기도 한다. '오늘 하루 이 진도를 다 나가나요?' 그러면 나는 '네'라고 답해드린다. 자신 있게 대답을 드릴 수 있는 이유가 있다. 이 모든 것들이 이미 계획 안에 들어 있기 때문이다.

나는 시간표를 짤 때 아이들이 이해할 수 있는 범위를 계산한다. 그동안 아이들을 가르친 경험으로 말이다. 시간표 안에 아이들이 처음부터 끝까지 잘 따라올 수 있는 호흡을 분배해서 넣는다. 그 때문에 이 내용은 시간표만 봐선 알 수 없다. 게다가 아이들과 수업을 하다 보면 변수가 생긴다. 예를 들어 이 부분은 아이들이 쉽게 이해할 것 같아 한 시간으로 시간표를 짰다는데, 실제 수업을 해보니 그렇지 않은 경우가 생긴다. 그러면 어떻게 할 것인가? 방법은 하나다. 현장에서 다른 내용을 조절해 보충해나가는 것이다.

아이가 여행으로 유치원을 결석하게 된다. 그러면 부모님은 그동안 아이가 놓친 수업에 대한 보충을 원하신다. 선생님인 나로서는 부모님이 원하지 않으셔도 보충을 악착같이 해주고 싶다. 그래야만 아이가 다음 수업을 힘들지 않게 따라올 수 있기 때문이다. 그러나 문제는 보충 시간을 쉽게 만들 수 있지 않다는 것이다. 이유는 담임인 한국인 선생님도 원어민 선생님도 늘 수업 시간표가 꽉꽉 차 있기 때문이다. 아이의 보충수업을 위해선 아이뿐만 아니라 선생님도 시간의 여유가 있어야 한다. 하지만 그 시간을 충분히 만들어낼 수 없는 것이 영어유치원의 현실이다.

보충 수업은 아이도 선생님도 힘들다

아이들은 여행을 다녀오면 여행 다녀온 그 기간만큼 본인의 쉬는 시간을 반납해야 한다. 수업이 끝나고 잠깐 쉬는 시간에 빠진 진도에 대한 일

대일 보충 수업을 한다. 생각해보라. 아이는 방금 수업을 마치고 이제 쉬는 시간이 되어 친구들과 조금 놀려고 했다. 그런데 쉬는 시간이 아닌 또 다른 수업이 아이를 기다리고 있는 상황을 말이다. 아이의 한숨이 여기까지 들리는 것 같다. 하지만 이것은 시작이다. 아이는 점심시간도, 모든 수업이 끝나고 집에 가기 직전까지도 보충 수업을 해야 한다. 온종일 의자에 앉아 공부하지만 겨우 그날 분량의 보충을 마칠 뿐이다. 내일, 모레 또 그 다음 날까지 아이의 보충수업은 계속된다.

이 글을 읽으시는 부모님께서 아셨으면 좋겠다. 보충 수업 때문에 친구들과 잠깐도 놀지 못하고, 수업을 계속하고 있는 아이의 마음을. 아이의 시무룩한 얼굴을 보셨으면 좋겠다. 감히 말씀드린다. 지금 부모님들께서 상상하는 그 얼굴보다 우리 아이들의 얼굴은 더 안쓰럽다. 이런 아이들을 끼고 보충 수업을 해야 하는 나는 마음이 찢어진다. 정말 누구를 위한 여행이었는지, 그 일주일을 보상받고 싶다.

이제는 부모님께 아이가 결석하게 된다고 통보를 받게 되면 기쁜 마음보다 걱정이 앞선다. 얼마나 오래 결석을 하게 되는지 그 날짜에 온 신경이 집중된다. 보통은 일주일, 많게는 이 주일씩 결석한다. 그래서 부모님께 날짜를 듣고 나면 머릿속으로 현재 수업을 따라오고 있는 아이의 모습을 떠올린다. 그리고 시간표를 보고 수업에 빠지게 되는 부분이 얼마큼인지 확인한다. 빠르게 아이와 함께 따로 공부해야 할 내용을 계산한다. 그리고 부모님께 부탁을 드리기도 혹은 알겠다는 답변을 드린다. 뒤에서 더 자세히 다루겠지만, 나는 여행을 가는 아이들에게 숙제를 꼭 내준다. 바로 이런 이유 때문이다.

보충 수업을 위해 쉬는 시간을 반납해야 하는 사람은 선생님들도 마찬가지다. 보충을 앞둔 선생님들은 방금 수업을 마친 아이의 집중력을 떨어뜨리지 않기 위해 노력한다. 짧은 쉬는 시간 안에 최대한 많은 진도를 따라잡으려 애쓴다. 하지만 아이는 수업으로 인해 이미 지쳐 있어 생각만큼 많이 끌고 가기가 쉽지 않다. 부모님께서는 이 부분을 아셔야 한다. 여행 후 보충 수업은 자칫 비워진 책을 채우는 시간만 될 수도 있다는 사실을 말이다. 가장 큰 이유는 아이도, 선생님도 보충 수업에 제대로 집중을 할 수 없는 환경이라고 말씀드리고 싶다.

선생님은 이 아이의 보충으로 인해 다른 아이들을 챙길 시간을 빼앗긴다. 쉬는 시간마다 선생님들은 아이들을 위해 챙겨야 할 것이 많다. 그런데 보충 수업이 시작되면 아무것도 할 수 없다. 반의 아이가 열 명이라면, 이 한 명의 보충으로 인해 다른 아홉 명이 손해를 보게 되는 결과가 생긴다. 매달 이런 일이 반복된다고 생각해보라. 게다가 이때 숙제를 안 해온 아이가 있어 그 숙제도 봐줘야 하는 상황이라면? 여행에서 돌아온 아이가 한 명이 아니라 두 명, 세 명이라면? 이때는 정말 몸이 열 개였으면 좋겠다는 생각이 절로 난다.

도대체 누구를 위한 영어유치원인가? 이 물음에 다시 한 번 생각해보셨으면 좋겠다. 부모님은 아이를 위해 영어유치원을 등록했을 것이다. 내 아이가 영어를 행복하고 즐겁게 배웠으면 하는 마음 때문이다. 그런 의미라면 영어유치원은 더없이 좋은 환경이다. 하지만 여행으로 인해 아이들이 긴 공백을 가지게 된다면, 공백 기간만큼 그것을 채우기 위해 엄청난 노력을 기울여야 한다. 쉬는 시간까지 반납하면서 말이다. 빠진 진도를 따라잡기 위해 수업이 끝나면 또 수업해야 한다. 이것이 아니어도 이미 아이들은 영어유치원에서 생각보다 더 많은 것들을 해내고 있다. 그런데 부모님은 이 바쁜 스케줄 안에 또 다른 스케줄을 넣어 아이에게 무조건 해내기만을 강요하는 것이다. 아이들은 고작 5~7세밖에 되지 않았다. 이 힘든 스케줄을 감당할 준비가 당연히 되어 있지 않다.

아이와 함께하는 하루 10분 영어 한마디

영어유치원을 다니는 아이라면 매일매일 하게 되는 것이 바로 숙제다. 숙제를 내준 선생님은 아이들에게 숙제했는지 물어본다. 이때 자신 있게 했다고 답하는 아이들은 표정부터 다르다.

Did you do your homework?
숙제했어요?

Yes, I did. Here it is.
네, 했어요. 여기 있어요.

No, I didn't. I didn't have time to do my homework.
아니요, 못했어요. 어제 숙제할 시간이 없었어요.

07 영어유치원은 영어 교육의 끝이 아닙니다

—

To acquire knowledge, one must study;

but to acquire wisdom, one must observe.

지식은 얻으려면 공부를 해야 하고, 지혜를 얻으려면 관찰을 해야 합니다.

– Marilyn vos Savant –

영어유치원의 졸업은 영어 교육의 끝이 아니다

아이를 영어유치원에 보낼 계획이 있는 부모님들께 질문을 드리고 싶다. '영어유치원 졸업 후 아이의 영어 교육은 어디로 향해 있습니까?' 아직 영어유치원을 보낼지 말지 결정하지도 않았는데 졸업 후 계획에 관한 질문을 하다니, 질문이 잘못된 것 아닌가 하는 생각을 하실 수도 있을 것 같다. 하지만 이 질문을 잘 살펴봐야 한다. 왜냐면 내 아이의 성공적인 영어 교육은 이 질문에 대한 답에서 시작되기 때문이다.

많은 부모님이 영어유치원을 선택할 때, 영어유치원이 속해 있는 초등부를 함께 생각하지 않는다. 오직 영어 유치부만 보고 선택을 한다. 유치부의 규모, 커리큘럼, 시설, 거리, 비용과 같은 부분을 중점적으로 비교하여 선택한다. 집과 가깝고 평판이 나쁘지 않은 모든 영어유치원과 상담을 한다. 그리고 그중 본인의 기준에 가장 부합한 유치원을 최종 선택한다. 최종 선택 전까지 끊임없이 고민에 고민을 거듭한다.

그런데 아이가 유치부를 졸업할 때는 이러한 고민을 하지 않는다. 자연스럽게 같은 어학원의 초등부로 아이를 보낸다. 왜일까? 처음 영어유치원 선택을 위해 했던 고민을 왜 초등부 선택에선 하지 않는 걸까? 이유는 영어유치원을 다니는 동안 학원으로부터 초등부에 관한 정보를 끊임없이 받기 때문이다. 그러는 동안 내가 아이에게 하고자 했던 교육 방향이 사라진다. 점점 학원이 지향하는 교육 방향으로 바뀌게 된다. 그러니 처음부터 조금 더 먼 미래를 보고 선택해야 한다. 내가 아이에게 하고자 하는 영어 교육을 끝까지 같이 해줄 수 있는 곳인지 확인해야 한다. 유치부부터 초등부까지의 방향이 부모의 가치관과 맞아야 한다. 그렇지 않으면 아이의 영어 교육을 이어가기 위해 매번 처음부터 다시 시작해야 한다. 부모는 정보를 얻기 위해, 아이는 새로운 환경에 적응하기 위해 더 많은 시간과 노력을 들여야 한다.

영어유치원을 선택할 때 확인해야 할 3가지

그렇다면 어떤 방법으로 영어유치원을 선택해야 할까? 나는 먼저 학부모 설명회를 참석해보라고 말씀드리고 싶다. 매년 어학원에선 상·하반기를 기점으로 학부모 설명회를 개최한다. 특히 대형 프랜차이즈 어학원일수록 이 규모는 상당하다. 학부모 설명회는 어학원이 마음먹고 학원을 홍보하는 날이다. 그 때문에 평소 상담에서 자세히 들을 수 없는 이야기도 들을 수 있는 기회가 생긴다. 또한 설명회는 최신 정보를 기반으로 진행되기 때문에 가장 빠르고 정확한 내용을 얻을 수 있다. 학부모 설명회의 참석 여부가 내 아이의 영어 교육에 지대한 영향을 미칠 수도 있게 되는 것이다.

첫째, 커리큘럼을 확인할 수 있다.

흔히 학부모 설명회의 꽃이라고 불리는 것이 바로 커리큘럼이다. 어학원(프랜차이즈 어학원의 경우는 대부분 본사에서 만든다)에서 매년 새롭게 출간되는 책들을 비교 분석하여 커리큘럼을 만든다. 이 커리큘럼을 만들기 위해 학원에서는 모든 총력을 기울인다. 왜냐면 학부모의 정보력은 학원만큼이나 빠르기 때문이다. 몇몇 학부모님은 이미 원에서 사용하고 있는 책의 장단점을 다 꿰고 계신다. 그런 학부모에게 밀리지 않기 위해 어학원들은 더 새로운 교재, 더 좋은 교재를 찾기 위해 혈안이 된다. 그러니 커리큘럼만 봐도 유치원의 방향성을 짐작할 수 있다. 스피킹의 중심인지, 리딩과 라이팅에 중점을 두고 있는지 알 수 있다. 커리큘럼 소개가 끝남과 동시에, 학부모는 아이에게 해주고 싶은 영어 교육의 방향과 학원의 방향이 맞는지 파악할 수 있게 된다. 이 방향성을 토대로 영어유치원을 결정하고자 하면 그 선택이 쉬워질 수밖에 없다.

둘째, 영어유치원의 분위기를 파악할 수 있다.

학부모 설명회는 어학원의 모든 선생님이 참석한다. 원어민 선생님들도 예외는 아니다. 특히나 원어민 선생님에 따라 원생의 수가 바뀌기도 하므로, 원어민 선생님 소개 시간을 반드시 갖는다. 설명회가 시작되기 전 삼삼오오 모여 있는 선생님들을 흘낏 봐보자. 선생님들이 서로 즐겁게 대화를 나누고 있는가? 원어민 선생님과 한국인 선생님이 어색하지 않게 대화를 나누고 있는가? 선생님들 얼굴에서 즐거움이 느껴지는가? 이 모든 물음에 긍정적인 답을 할 수 있다면, 주저 말고 이곳에 아이를 보내는 것을 생각해보길 바란다. 왜냐면 이것이 바로 영어유치원의 분위기이기 때문이다. 원장님이 아무리 학부모 설명회 때 웃어라. 학부모님께 밝게 인사해라. 선생님들에게 주문해도 사실 그 효과는 10분도 가지 않는다. 억지로 시키니 앞에서는 웃고 밝은 척을 잠깐 할 수도 있다. 하지만 학부모 설명회는 10분 안에 끝나지 않는다. 길게는 3시간까지 이어지기도 한다. 그러니 설명회 중간쯤 보이는 선생님들의 표정과 행동이 이 학원의 진짜 모습이다.

만약 선생님들의 웃음 가득한 얼굴을 보았다면 주저 말고 유치부 등록을 긍정적으로 검토하라. 선생님이 즐겁다는 것은 내 아이가 즐겁게 영어를 배울 수 있다는 뜻이기 때문이다. 만약 반대의 경우라면, 커리큘럼이 아무리 마음에 들어도, 등록 전 다시 한 번 고민해보시길 바란다.

셋째, 영어유치원의 시설을 확인할 수 있다.

영어유치원의 시설을 파악하는 것은 너무나 중요하다. 5~7세까지의 어린아이들이 생활하는 곳이기 때문이다. 하지만 영어유치원은 애초에 유치부 아이들을 위해 만들어진 공간이 아니다. 유치부부터 초등부 많게는 고등부까지 모두 사용한다. 따라서 시설에 따라 자칫 아이들에게 안전하지 않은 곳이 있을 수 있다. 그러므로 안전에 관한 부분은 꼭 확인해보길 당부 드린다. 학부모 설명회 당일은 사람이 많다. 선생님들, 아이들, 학부모님들이 학원 내부를 꽉 채운다. 그러므로 누구 하나 나만 바라보고 있지 않는다. 학원 시설을 마음껏 확인할 기회인 것이다. 소화기는 제대로 있는지 먼지가 쌓여 있지 않은지 확인하고 싶은 모든 목록을 다 확인할 수 있다. 특히 몇몇 주요 시설은 무릎을 굽히고 아이들의 눈높이에서 확인해보자. 어른의 눈높이에선 보지 못한 부분이 보이기도 한다.

어학원에서 영어 유치부를 운영하는 이유가 있다. 영어 유치부의 원비로 많은 이윤을 남길 수 있기 때문이 아니다. 물론 이러한 이유도 있을 수 있다. 하지만 더 큰 이유는 영어 유치부에서 아이들을 잘 키워 초등부, 중등부가 되었을 때 학원의 간판이 되어주길 바라기 때문이다. 아주 특별한 경우가 아니면, 어학원에서 영어를 가장 잘하는 아이들은 영어 유치부 출신이다. 그 때문에 어학원은 영어 유치부 출신 아이들을 더 많이 오래 잡아두려고 한다.

어학원은 바로 그날을 위하여 영어 유치부에 투자한다. 그러니 유치부부터 아이를 믿고 맡겨준 학부모님들께 더 특별한 서비스를 제공하게 되는 것이다. 내 아이를 위해 시간표를 바꿔주고, 반을 새롭게 개설해준다. 내 아이를 중심으로 수업을 이끌어주기도 한다. 이 모든 것은 유치부를 졸업한 아이들에게만 주는 혜택이다. 그러므로 처음 영어유치원을 선택할 때 그 어학원의 초등부, 중등부 커리큘럼까지 확인하는 것이 좋다. 유치부만 보고 결정하지 말고 더 멀리 내다보자. 이 어학원에서 내 아이가 어떻게 성장할 수 있는지 그려보는 것이다. 그러기 위해선 반드시 학부모 설명회에 참석하여 이것저것 따져보고 확인해봐야 한다. 학원에서 제공하는 정보를 수동적으로만 받아 결정해서는 안 된다. 왜냐면 이 결정 하나가 내 아이의 영어 미래를 바꿀 수 있기 때문이다.

아이들이 선생님으로부터 많이 받는 질문 중 하나가 가족에 관한 질문
이다. 형제자매가 있는지 어떻게 질문할까?

Do you have any siblings?
형제나 자매 있어요?

Yes, I have an older brother.
네, 오빠가(형이) 한 명 있어요.

No, I don't have any siblings.
아니요, 형제자매가 없어요.

영어유치원에 대해 궁금한 점 Q&A

—

Tell me and forget. Teach me and I remember. Involve me and I learn.

나에게 말해주면 잊어버릴 것이고, 가르쳐주면 기억할 것이며,

참여시킨다면 배울 것이다.

– Benjamin Franklin –

영어유치원 Q & A

지금 머릿속으로 영어유치원을 떠올려보자. 무슨 이미지가 떠오르는 가? 아마 이런 생각들이 떠오를지도 모르겠다. 영어유치원 다니는 아이들은 영어를 엄청나게 잘한다. 그 아이들의 부모님들도 영어를 잘한다. 영어유치원을 보내는 가정의 부모님들은 아이들을 24시간 옆에서 돌볼 수 있는 환경을 가지고 있다. 영어유치원을 다니는 아이들은 유치원에서 놀지 못하고 공부만 한다 등등⋯⋯. 전직 영어유치원 선생님으로서 이 질문들에 답을 해보려고 한다. 왜냐면 이들 중 사실도 있지만, 사실이 아닌 것

도 있기 때문이다.

아이들은 영어유치원에서 놀지 못하고 공부만 한다?

그렇지 않다. 영어유치원에서 아이들은 일반 유치원 아이들처럼 많이 논다. 무조건 공부만 하는 것은 아니다. 다만 노는 시간이 일반 유치원에 비해 적어 보일 뿐이다. 하지만 실제 영어유치원에서 진행되는 수업을 보면, 생각보다 놀이 시간이 많다는 것을 알 수 있다. 공부로만 짜여 있을 것 같은 시간표 안에는 미술, 체육, 음악과 같은 예체능 수업이 따로 배정되어 있다. 이 수업들은 외부에서 초빙된 해당 전공 선생님들이 진행한다. 수업의 질이 굉장히 높다. 또 일주일에 몇 번 지정된 날에 무조건 수업이 진행되기 때문에 유치원의 사정으로 외부 수업이 미뤄지는 일이 일어나지 않는다.

보통 영어유치원 한 반의 정원은 10명 이내다. 선생님 한 명이 돌봐야 하는 아이들의 수가 일반 유치원보다 훨씬 적다. 그래서 더 많은 활동을 할 수 있다. 활동 중 아이들의 의견을 더 빠르고 많이 반영할 수 있다. 아이들의 컨디션에 따라 똑같은 시간표를 가지고도 음악 수업처럼, 체육 수업처럼 진행하기도 한다. 아이들이 의자에 앉아서만 공부하지 않는다.

영어유치원에 다니는 아이들의 부모 중 적어도 한 명은 영어를

잘한다?

이것은 정말 오해다. 절대 그렇지 않다. 영어유치원 다니는 아이들의 부모님 중 간혹 영어를 엄청나게 잘하시는 분이 계신다. 하지만 그 몇몇 분들이 모든 영어유치원 부모를 대표한다고 할 수 없다. 왜 이런 오해가 생겼는지 곰곰이 생각해봤다. 아마도 이는 아이들이 집으로 가져가는 숙제 때문에 생긴 오해인 것 같다.

혹시 주변의 아이가 영어유치원을 다닌다면 아이들이 집으로 가지고 오는 숙제가 얼마나 어려운지 알 것이다. 정말 이렇게 어려운 내용을 배우는지 의아해할 것이다. 그 때문에 이런 어려운 숙제를 봐줄 수 있는 부모는 영어를 잘할 것이라는 오해가 생긴 것 같다. 하지만 사실은 영어를 뛰어나게 잘하는 부모보다 평범한 부모가 더 많다. 게다가 비밀을 하나 알려주자면, 부모가 대신해준 아이들 숙제의 답이 많이 틀린다. 아이들의 숙제를 확인하다가 멈칫할 때가 한두 번이 아니다. 아이에게 어떻게 이런 답을 생각하게 되었냐고 물어보면, 아이는 엄마 혹은 아빠가 알려준 답이라고 말이다. 정말 난감한 순간이 아닐 수 없다. 어떻게 이야기를 해야 아이의 부모님 체면도 살려주면서 답을 고쳐줄 수 있을까? 선생님으로서 아이에게 답을 이해시켜주는 것보다 부모님께서 알려주신 답이 틀렸다고 설명해주는 것이 가끔은 더 어려울 때가 있다.

영어유치원을 보내는 가정의 부모님들은 아이들을 24시간 옆에서 돌볼 수 있는 환경을 가지고 있다?

그럴 수도 있고 그렇지 않을 수도 있다. 지금까지 우리 반 부모님들의 통계를 내보면 6 대 4 정도의 비율이었다. 두 분 중 한 분만 일하셨던 비중이 6, 두 분 다 일하셨던 비중이 4. 아마도 이 질문이 나온 배경은, 영어유치원은 일반 유치원처럼 종일반이 없는 사실 때문인 것 같다. 그래서 맞벌이하는 부모의 아이들은 스케줄이 빽빽하다. 유치원이 끝나면 늘 이 학원 저 학원의 스케줄에 맞춰 저녁까지 이동한다. 이런 관점에서 본다면, 맞벌이 부모의 아이들은 체력적으로 힘든 환경 속에서 유치원을 다니고 있는 것이 사실이다.

영어유치원을 보내고 나면 아이는 알아서 영어를 잘하게 된다?

너무 속상한 질문이다. 어떻게 아이가 영어유치원에 가면 알아서 영어를 잘하게 되겠는가? 무엇이든 노력이 바탕 되어야 한다. 아주 쉬운 예로 아기가 태어나서 엄마를 말하기까지 얼마나 큰 노력을 하는지 생각해보자. 엄마라는 단어를 듣고, 기억하고, 따라 하는 과정을 거치면서 마침내 말을 해내게 된다. 단 한마디, 엄마라는 말을 위해서도 이렇게 큰 노력을 들여야 한다. 하물며 단어가 아닌 새로운 언어를 배우는 것인데 당연히 저절로 되지 않는다. 유치원에서 선생님들은 아이들의 영어 실력을 키우기 위해 엄청난 노력을 한다. 아이들도 유치원에서 그런 선생님들을 따라 부단히 노력한다. 단지 영어를 듣고 말하는 영어유치원이라는 환경에 아이가 속해 있기 때문이 아니다. 영어유치원이라는 환경이 아이들 영어 실력을 높이는 데 큰 역할을 하는 것은 사실이다. 하지만 이 환경은 아이가 관심도 없는데, 영어를 할 수 있게 해주는 마법이 아니다.

비용 때문에 영어유치원 대신 어학원에서 일주일에 두세 번 원어민 선생님 수업을 듣는다. 이것이 영어유치원을 다니는 것만큼 효과가 있을까?

얼마큼 기대를 하고 있느냐에 따라 다르겠다. 하지만 결론부터 말하자면 영어유치원을 다니는 것만큼 효과가 있지 않다. 지금의 5~7세 아이의 부모님은 아마도 영어 교육을 중학교 때부터 받기 시작했을 것이다. 나 또한 그랬다. 그래서 지금 아이들처럼 일찍 시작하지 못한 아쉬움이 있다. 게다가 오랜 시간 교육을 받아왔지만, 아직도 영어는 넘어야 할 큰 산이다. 이 경험을 내 아이들에게 물려주기 싫어서 영어유치원을 한 번쯤은 다 생각하신다. 하지만 매번 마지막 발목을 잡는 것은 역시 비용이다. 그래서 상대적으로 더 저렴한 영어 수업을 찾아 아이들을 여러 수업에 참여시킨다. 하지만 나는 그러지 마시라고 말씀드리고 싶다.

영어유치원은 매일 일정한 시간 동안 영어만 사용하는 시간을 꾸준히 확보한다. 아이들이 꽤 오랜 시간 영어에 반복적으로 노출된다. 이 시간은 수업 시간과 아이들이 노는 쉬는 시간도 포함된다. 쉬는 시간에 놀면서 아이들끼리 서로 배우는 부분이 엄청나다. 그런데 일주일에 두세 번 원어민 선생님의 수업으로 그 환경을 따라잡을 수 있을까? 나는 그럴 수 없다고 생각한다.

상담하다 보면 많은 학부모님이 생각보다 큰 오해를 하고 있다는 사실을 알게 된다. 그중 가장 큰 오해는 영어유치원 다니는 아이들은 유치원에서 공부만 한다는 것이다. 이제 겨우 5~7세 아이들이 다니는 곳이 영어유치원이다. 어떻게 공부만 할 수 있겠는가? 이 때문에 학부모님들과 학기 초 많은 상담을 한다. 아이들은 영어유치원에서 영어만 배우지 않는다. 일반 유치원처럼 사회생활도 배우고, 도덕과 예의도 배운다. 다만 그 비중이 영어 수업보다 크지 않기 때문에 밖으로 잘 드러나지 않을 뿐이다. 이 부분에서 시작된 오해들이 너무 많았다. 그래서 조금이나마 영어유치원에 대한 오해를 풀고 진실을 알려드리고 싶었다.

수업하다 보면 교재에 꼭 등장하는 것이 바로 계절이다. 사계절이 뚜렷한 우리나라의 계절 중 아이가 가장 좋아하는 계절은 무엇일까?

What is your favorite season?

가장 좋아하는 계절은 뭐예요?

My favorite season is spring,

because my birthday is in spring.

봄이 제일 좋아요. 제 생일이 봄이거든요.

PART
2

아이의
영어 스위치를
찾아봐요

01 아이의 즐거움을 찾아주는 노래의 힘

—

If you want something you've never had,

you have to do something you've never done.

아직까지 가져보지 않은 것을 갖고 싶다면 아직까지 해보지 않는 일을 해야 한다.

– Anonymous –

수업 시간 나와 아이들을 연결해준 것은 노래였다

"아기 상어 뚜 루루 뚜루, 귀여운 뚜 루루 뚜루, 바닷속 뚜 루루 뚜루, 아기 상어."

5세~7세 아이를 키우는 부모님이라면, 지금 머릿속에서 이 노래의 멜로디가 떠올랐을 것 같다. 흥겨운 멜로디, 쉬운 가사가 나도 모르게 노래를 끊임없이 흥얼거리게 만든다. 노래를 듣고 있지 않아도 귓가에 들리는 것 같은 환청마저 들린다.

핑크퐁의 이 아기상어 노래를 3년 전쯤 알게 된 것 같다. 쉬는 시간 우연히 어느 원어민 선생님 교실을 지나가다 알게 되었다. 처음 이 노래를 들은 나는 신세계를 경험하는 것 같았다. 당시 그 원어민 선생님이 얼마나 열심히 율동하면서 아이들과 이 노래를 불렀던지 넋을 놓고 봤던 기억이 난다. 아이들의 반응은 폭발적이었다. 노래가 끝나면 한 번만 더 하자고 선생님에게 계속 앙코르를 외쳤었다. 만약 원어민 선생님의 체력이 허락됐다면, 아이들은 노래와 율동을 멈추지 않았을 것이다.

이것이 시작이었다. 이때부터 나 혼자만의 소리 없는 전쟁이 시작되었다. 아이들과 더 즐거운 수업을 하려면 노래를 알아야 한다고 생각했다. 그날부터 수업이 끝나고 집으로 오는 길에 늘 아이들을 위한 노래 검색을 시작했다. 또 서점에 가서 베스트 동요 모음집을 샀다. 그리고 노래를 익히고 율동을 만들었다. 원어민 선생님의 아기상어를 이기기 위해 나만의 무기를 만들었다. 연습에 연습을 거쳐 아이들 앞에 선을 보인 날. 아이들은 나의 노력을 알아주는 듯 크게 좋아해주었다. 이렇게 한 달 두 달이 지나고 나니 나에게도 노래라는 무기가 생겼다. 언제 어디서든 아이들과 함께 할 수 있게 되었다. 노래가 주는 효과는 대단했다. 노래는 아이들이 수업에 더 집중하게 만들어주는 힘이 있었다. 또 나와 아이들의 유대 관계를 더 끈끈히 만들어주기도 했다.

몇 년 전 내가 좋아하는 팝송이 있었다. 수업을 준비하면서 나도 모르게 홍얼거렸다. 나는 좋아하는 노래가 생기면 한 곡만 열심히 듣고 따라 부른다. 그래서 그때도 매일 같은 노래를 홍얼거렸다. 아이들은 그런 내가 부르던 팝송을 처음에는 귀담아듣지 않았다. 하지만 너무 많이 듣다 보니 어느새 클라이맥스 부분을 제법 따라 하기 시작했다. 유치원에서도 집에서도 따라 하기 시작했다.

어느 날 우리 반 학생의 어머님께 전화를 받았다. 단순한 안부 전화였는데 이야기를 나누다가 아이들이 요즘 팝송을 배우는지 물으셨다. 나는 아직 아이들에게 팝송을 가르치고 있지 않다고 말씀드렸다. 어머님께서는 이상하다고 하시면서 아이가 일주일 전부터 어떤 노래를 홍얼거린다고 하셨다. 그런데 아이가 노래를 부르면서, 자꾸 '이다음 가사가 뭐예요?'라고 질문한다고 했다는 것이다. 혹시나 하는 마음에 매일 내가 불렀던 그 노래를 말씀드리니, 어머님께선 맞다고 하셨다. 유치원에서 쉬는 시간에 노래 소리를 듣고 아이가 배운 것 같다고 말씀드렸다.

그 이야기를 나누고 난 일주일 정도 뒤에 다시 그 어머님과 통화를 하게 되었다. 어머님께선 얼마 전 가족 행사를 하러 갔다고 하셨다. 할머니 할아버지 또 많은 친척이 계신 자리였다고 하셨다. 할머니께서 아이가 자꾸 노래를 부르니, 앞에 나와서 노래를 해보라고 하셨단다. 평소 같으면 쑥스러워 도망갔을 텐데 그날은 마이크를 잡더니 노래를 불렀다고 했다. 그것도 그 팝송을 말이다. 친척들이 아이가 어떻게 영어 노래도 이렇게 잘 부르냐며 칭찬을 했다고 말씀해주셨다.

아이들의 식습관을 바꾼 것도 노래였다

노래는 이런 효과가 있다. 아이가 언제 어디서든 스스로 원하면 할 수 있다. 또 재미있다. 그래서 나는 수업 시간에 노래를 많이 사용한다. 심지어는 이 노래로 아이들 식습관도 고친 적이 있다. 6세 담임이었을 때, 유난히 밥을 먹기 싫어하는 아이들만 우리 반에 모인 적이 있었다. 시금치, 멸치가 싫으니 안 먹겠다는 정도의 편식이 아니라 정말 밥을 잘 안 먹는 아이들만 모여 있었다. 웬만큼 마음에 드는 반찬이 아니면, 밥을 삼키지 않고 입에 물고 있었다. 그리고 밥을 점심시간 내내 먹었다. 그것도 모두 먹지 않아 나중에는 내가 밥을 먹여주어야 겨우 몇 숟갈 먹었다.

그러나 나는 밥을 끝까지 잘 먹이는 선생님은 아니었다. 왜냐면 나 역시 싫어하는 음식은 먹기가 너무 힘들기 때문이다. 아이들에게 싫어하는 음식을 먹는 고통을 주고 싶지 않았다. 그래서 밥을 정말 안 먹은 날에는 부모님께 따로 말씀드렸다.

"어머님, 오늘 아이가 밥을 안 먹으려고 해서, 일부러 먹이지 않았습니다. 점심을 거의 먹지 않아서 배가 많이 고플 거예요. 집에 도착하면 간식을 꼭 챙겨주세요."

이것도 하루 이틀이었다. 우리 반 아이들만 유독 밥을 잘 먹지 않았다. 방법을 찾기 위해 고민을 시작했다. 그리고 방법을 찾았다. 아마 이 방법은 유치원이기 때문에 가능했을 것 같다. 유치원에선 어떤 일이든 나 혼자

하는 것이 아니라 친구들도 같이한다. 그래서 내가 하기 싫은 일도 친구가 하면 따라 하고 싶은 마음이 반영되었으리라 생각된다.

우선 점심시간 전 수업을 어렵지 않은 수업들로 시간표를 다시 만들었다. 그래서 일부러 5분 정도 수업을 일찍 마쳐, 아이들의 기분을 좋게 만들고 싶었다. 기분이 좋으면, 밥을 먹는 것이 더 즐겁게 느껴질 것 같았다. 수업이 일찍 끝나 기분이 좋아진 아이들과 여러 노래를 불렀다. 노래를 부르며 일어나 율동도 함께했다. 처음에는 노래를 열정적으로 부르는 친구들이 한두 명에 불과했다. 그런데 시간이 지나자 그 한두 명의 아이들이 반 전체를 움직였다. 특히 남자아이가 많았던 반이었기 때문에 특유의 경쟁 심리가 발동했던 것 같다. 나는 그저 아이들 이름을 하나씩 불러주면서 누구누구가 노래를 엄청나게 잘한다며 칭찬해주기만 했다. 그리고 아이들과 다 같이 일어서서 율동할 때는 동작이 가장 큰 아이부터 칭찬해주었다. 그랬더니 아이들 율동 동작이 눈에 띄게 커졌다. 그렇게 조금씩 몸을 움직인 아이들은 점심시간이 되기 전 땀이 날 정도가 되었다.

생각해보자. 그냥 밥을 먹을 때와 운동을 열심히 하고 밥을 먹을 때를 말이다. 어느 때 밥을 더 맛있게 먹을 수 있었지. 나는 우리 아이들이 밥을 맛있고 즐겁게 먹었으면 했다. 아이들이 가만히 앉아 있으면, 몸을 움직일 시간이 없어 배가 안 고플 것 같았다. 먹고 싶은 마음이 들지 않으니 식사 시간이 당연히 즐거울 리가 없겠다고 생각했다. 나는 5분 율동이 아이들에게 얼마나 많은 변화를 줄 수 있을까 생각하지 않았다. 우선 시작해봤다. 그러자 신기하게도 이 5분으로 인해 아이들은 조금씩 변하기 시작했다. 한 달 정도 지나자 점심시간 내내 밥을 먹는 아이들의 수가 현저히 줄어들었다. 노래가 정말 아이들 식습관을 고친 것이다.

아침 인사를 하고 자연스럽게 안부 인사를 건네며 또다시 질문한다. 어제 뭐 먹었어요? 오늘 아침 뭐 먹었어요? 신기하게도 아이들은 늘 밥과 김치만 먹었다고 답한다.

What did you eat for dinner last night?
어제 저녁에 뭐 먹었어요?

I had rice and kimchi.
밥이랑 김치 먹었어요.

02 아이들이 좋아하는 것으로 시작하자

The gratification comes in the doing, not in the results.

만족은 결과가 아니라 과정에서 온다.

– James Dean –

수업 시간 전 우리 반 아이들이 하는 일

사람들에게 공부를 시작하기 전 무슨 준비를 하는지 질문을 해보자. 아마 대다수 사람이 책상 정리를 한다고 답할 것이다. 왜 책상 정리를 하느냐고 다시 물어본다면, 공부에 집중하는 환경을 만들기 위해서라고 답할 것이다. 나 또한 다르지 않다. 확실히 정돈된 책상에서 집중이 잘된다. 시선을 뺏기는 것이 없기 때문이다. 또 책상 정리로 공부를 시작하고자 하는 내 마음을 다잡기도 한다. 이제 5~7세가 된 우리 아이들에게도 마찬가지다. 수업 전, 수업에 집중할 수 있는 환경을 만들어 주는 것이 중요하다.

그래서 나는 학기 초, 수업 시작 종이 치기 전에 아이들이 해야 할 일을 알려주고 함께 연습을 해왔다.

수업 시간 전, 아이들은 책상 위를 깨끗하게 치운다. 각자 본인의 책상을 스스로 치운다. 그리고 깨끗한 책상 위에 책과 연필 그리고 지우개만 올려놓는다. 수업 시간에 필요한 전부이기 때문이다. 우리 반 아이들에게는 내가 나누어준 연필과 지우개가 한 개씩 있다. 그리고 그 연필과 지우개에는 아이들 이름이 적혀 있다. 이것은 우리 반이 모두 사용하는 큰 연필꽂이에 담겨 있다. 나는 아이들을 위해 수업 전 연필을 깎아서 연필꽂이에 거꾸로 넣어 놓는다. 그러면 아이 중 한 명이 연필꽂이를 가지고 온다. 보통 캡틴이 가지고 온다. 캡틴은 학급의 반장인데, 아이들 모두 돌아가며 하루에 한 명씩 캡틴이 된다. 캡틴은 본인의 연필과 지우개만 꺼내고 옆 친구에게 연필꽂이를 넘겨준다. 그러면 그 친구는 본인의 연필과 지우개를 꺼내고 다시 옆 친구에게 전달한다. 이렇게 모든 친구가 자신의 연필과 지우개를 다 찾고 나면 나에게는 빈 연필꽂이로 돌아온다. 그러면 수업이 시작된다.

수업이 시작되면 아이들은 빠르게 집중한다. 칠판과 나를 번갈아 보면서 오늘은 무슨 내용을 공부하는지 이해하려 노력한다. 이렇게 집중력이 올라가는 순간. 꼭 이럴 때 '데구루루 탁!' 소리가 들린다. 아이들의 연필이 떨어지는 소리다. 한 자루가 떨어지면 신기하게도 옆의 아이 연필도 떨어진다. 순식간에 집중되었던 공기의 흐름이 풀어진다. 겨우 다시 수습하고 시작을 하면 또 '데구루루' 연필이 굴러간다. 뭔가 수가 필요했다. 연필로 인해 수업이 끊이지 않는 방법이 필요했다. 그래서 연필이 떨어지지 않게 아이들 개인 연필꽂이를 만들어주면 어떨까 생각했다. 책상 위에 늘 올려 놓고 사용할 수 있는 아이들만의 연필꽂이가 있으면 좋겠다는 생각이 들었다.

연필꽂이 하나가 바꾼 수업 시간

이왕이면 아이들이 만들었으면 좋겠다는 생각이 들었다. 스스로 만들면 더 소중하게 사용할 것 같았다. 생각이 났을 때 바로 실행해야 한다. 아이들에게 샘플을 보여주기 위해 그날 밤 상자를 잘라 연필꽂이를 만들었다. 작은 책상 위에 두어야 하므로 크기가 작아야 했다. 또 아이들 모두 같은 크기로 만들어야 했기에 모두가 쉽게 알아볼 수 있는 도면을 만들었다. 완성된 도면으로 연필꽂이를 만들어, 조립하고 연필을 넣으니 머릿속에서 그린 그 모습이 나왔다. 완성된 연필꽂이의 겉면을 색연필로 칠하고 예쁜 스티커를 붙이니 그럴듯해졌다.

다음날 나는 아이들이 도착하기 전에 연필꽂이를 잘 보이는 위치에 놓았다. 아이들은 교실에 들어오자마자 연필꽂이를 보며 관심을 가졌다. 겉옷을 벗으면서도, 책가방을 내려놓으면서도 눈은 연필꽂이에 고정됐다. 이것이 무엇인지 너무나 궁금한 얼굴이었다. 그러나 수업종이 울리면서 아이들은 선생님 책상 위에 놓인 것이 무엇인지 알아내지 못한 채 수업 준비를 시작했다.

평소처럼 수업을 위해 아이들이 나에게 우리 반의 연필꽂이를 가져갔다. 그 안에서 각자의 연필과 지우개를 꺼냈다. 그런 후 다시 나에게 되돌아온 연필꽂이에는 연필 한 자루와 지우개 한 개가 남아있었다. 내가 아침에 미리 넣어둔 이 연필과 지우개에는 teacher라고 적혀 있었다. 나는 자연스럽게 그 안에 있는 연필과 지우개를 꺼내어 아이들이 궁금해 하는 새로운 연필꽂이에 넣었다. 그리고는 책상 앞에 두었다. 아이들은 저마다 자리에서 일어나 안을 들여다보려고 했다. 나는 그런 아이들에게 연필꽂이를 건네주었다. 아이들은 연필꽂이를 보면서 감탄사를 연발했다. 물론 그 정도의 작품은 아니었다. 하지만 아이들은 선생님이 만들었다는 것에 대해 이미 대단하다고 생각하고 보고 있었다.

그런 아이들에게 '우리 반 다 같이 만들어볼까?' 하고 제안했다. 아이들은 너무나 행복한 얼굴로 고개를 끄덕이며 환호했다. 나는 미리 만들어온 도면과 편지를 아이들에게 나누어 주었다. '이것은 상자로 만들어야 하는데, 우리가 가위로 자르기엔 상자가 너무 딱딱해요. 부모님의 도움이 필요하니 집에 가서 부모님께 꼭 전해드리세요.'라고 말했다. 아이들은 도면과 편지를 소중히 가방에 넣었다. 수업이 끝나고 아이들이 하원하자마자 바로 우리 반 부모님들께 전화를 드렸다.

"어머님, 아이들이 오늘 연필꽂이를 만들 도면을 들고 지금 하원했습니다. 이 연필꽂이는 유치원에서 아이들 각자 사용할 예정이에요. 수업 시간에 사용하는 연필과 지우개를 담아 쓰는 유치원용 연필꽂이가 될 것입니다. 우리 아이들이 마침 재활용에 관해 배우고 있어서 상자로 만들어 보려고 합니다. 상자라면 대형마트에서 물건을 담을 때 쓰는 어떤 것도 괜찮습니다. 주말에 바쁘시겠지만, 도면대로 상자를 잘라 보내주세요. 아이들과 즐겁게 만들어 보고 싶습니다."

　주말을 보내고 온 월요일 아침, 아이들은 도면대로 잘린 상자 조각들을 가지고 왔다. 나는 어떻게 연필꽂이를 만들게 될지 천천히 설명해주었다. 그리고 잘린 상자를 하나씩 이어 붙이는 것부터 시작했다. 한쪽 면과 다른 한쪽 면에 풀을 바르고 마를 때까지 잡고 있어야 했다. 조금이라도 움직이면 쉽게 면이 틀어졌다. 아이들은 그 면이 틀어지지 않게 눈도 깜빡이지 않고 붙잡고 기다렸다. 아이들의 표정은 너무나 진지했다. 그런 아이들이 너무 귀여웠다. 또 행복했다. 아이들의 반짝이는 눈을 보면서, 정말 멋진 연필꽂이를 만들어주고 싶었다. 하지만 이 연필꽂이 만들기는 수업에 포함된 활동이 아니었기에 아이들과 나는 점심을 먹고 난 후 놀이시간이나 쉬는 시간을 이용해 짬짬이 만들었다. 우리 반 아이들 모두 이것을 완성하는데, 꼬박 일주일이 걸렸다. 그 일주일 동안 매일같이 교실에서 친구들과 서로 도우며 열심히 만들었다.
　마침내 완성된 연필꽂이에 본인들의 연필과 지우개를 넣어보면서 얼마나 뿌듯해하던지 그 얼굴을 잊을 수가 없다. 아이들이 본인의 연필꽂이를 사랑하면 할수록 수업 시간에 연필이 떨어지는 소리는 줄어들었다. 당연히 수업의 집중도가 흐트러지는 일이 적어졌다. 연필꽂이 하나가 아이들을 수업에 더 집중하게 만들어준 것이다.

아이들이 노는 것을 보면 종이 한 장을 가지고 어떻게 저렇게 재미있게 노는지 신기하다. 사부작사부작 손을 움직여 책을 만들기도 하고 비행기를 접어 날리기도 한다. 평범한 종이 한 장으로 많은 놀이를 창작해 낸다. 아이들은 자신의 손으로 만들어 내는 그 과정을 좋아한다. 그래서 아이들은 이 연필꽂이를 정말 좋아하고 아꼈다. 늘 깨끗하게 관리하려고 애썼다. 이런 아이들은 보면서 역시 아이들이 좋아하는 것은 거창한 것이 아니라는 사실을 다시 한 번 느끼게 되었다. 물론 아이들이라 새롭고 좋은 것에 시선을 뺏기고 가지고 싶어 한다. 하지만 스스로 만들고, 보고, 사용하는 것도 무척이나 좋아한다. 그 마음이 연필꽂이를 만들어 냈고, 그 안에 넣고 사용하는 연필을 더 소중히 다루는 계기가 되었다. 이 계기는 아이들이 다시 수업을 더 집중할 수 있게 해주는 환경으로 되돌아왔다.

유치원에선 보통 연필을 주로 쓴다. 미술 시간이나 기타 만들기를 하는 시간에 가끔 다른 펜을 사용하기도 한다. 사인펜을 쓰고 싶어 선생님에게 물어볼 땐 어떻게 하면 될까?

Teacher, may I use my sign pen?

선생님, 제 사인펜 써도 돼요?

Yes, sure.

네, 사용해도 돼요.

오늘은 뮤지컬 배우가 되어보자

03

—

I hear and I forget. I see and I remember. I do and I understand.

들은 것은 잊어버리고, 본 것은 기억하고, 직접 해본 것은 이해한다.

– Confucius –

.

영어 한마디 못해도 나는 프렌즈의 레이첼처럼 말할 수 있었다

수업 종이 울린다. 아이들에게 모르는 척 질문을 던져본다. '이번엔 무슨 시간이지?' 아이들은 재빨리 의자에 앉는 것으로 대답을 대신한다. 자리에 앉은 아이들의 신이 난 어깨가 들썩인다. 왜냐면 지금은, 아이들이 너무 좋아하는 영어 뮤지컬 수업 시간이기 때문이다.

내가 처음 영어에 관심을 가지게 된 계기는 미국드라마 〈프렌즈〉이었다. 그 드라마 캐릭터 중 한 명의 이름이 레이첼이었는데 내가 너무 좋아했다. 아니, 지금 생각해보면 레이첼 역의 배우였던 제니퍼 애니스톤을 좋아했던것 같다. 얼굴도 목소리도 너무 예뻐서 드라마를 보면 그녀만 보일 정도였다. 영어를 한마디도 하지 못했지만, 드라마를 보면서 제니퍼 애니스톤과 대화하는 상상을 했었다.

그러다 레이첼이 하는 대사를 상상이 아닌 입 밖으로 흉내 내며 말해보기 시작했다. 그래봤자 한 문장을 들으면 반 박자 늦게 한 단어 정도 따라하는 수준이라 나머지 단어는 그냥 들리는 대로 웅얼거렸었다. 정확하게 문장을 따라 하지 못했지만 매일 한 문장씩 레이첼이 말하는 그대로 내가 말할 수 있다는 것에 행복을 느꼈다.

우리 반 아이들과 처음 뮤지컬 수업을 할 때 나는 〈프렌즈〉가 생각났다. 내가 너무 즐겁게 영어를 시작했던 그날이 떠올랐다. 아이들에게 새로운 경험을 만들어주고 싶었다. 수업이 끝나는 날, 뮤지컬 한 편을 아이들과 공연하는 특별한 수업을 만들고 싶었다. 그래서 수업 시간이 되면 작품의 캐릭터를 분석하고 아이들과 함께 대사 하나하나에 영혼을 담아 연습했다. 무대 위에서 영어를 말하는 것이 아닌, 즐겁게 연기하는 경험을 하게 해주고 싶었다.

연기 수업인지 영어 수업인지 알 수 없는 뮤지컬 수업

수업 종이 울리면 방금까지 수업을 했던 교실은 뮤지컬 연습을 하는 대극장으로 변신한다. 아이들도 방금까지 영어를 배우는 학생에서 순식간에 연기하는 배우가 된다. 나 또한 영어가 아닌 연기를 가르치는 선생님으로 바뀐다. 그렇게 나도 아이들도 180도 변한다.

"요요, 여기는 늑대가 나오는 부분이에요. 요요가 첫째 돼지라고 생각해야 해요. 나를 잡아먹는 늑대가 나타나면 얼마나 무섭게 느껴지겠어요. 온몸이 막 떨리겠죠? 그 느낌으로 이 장면을 표현해야 해요."

"조니는 늑대예요. 아주 힘이 센 늑대. 그러니까 등장할 때도 그렇게 조심히 들어오면 안 돼요. 터벅터벅 발소리를 더 강하게 내며 들어와야 해요. 다른 돼지들이 조니의 등장만으로도 벌벌 떨 수 있게 무섭게 들어와 보세요."

나는 먼저 아이들이 캐릭터를 잘 이해하는 것부터 가르쳤다. 대사를 외우는 것은 그다음이었다. 우선 내용의 흐름을 몸으로 느껴야 한다고 믿었다. 그래야 더 재미있을 테니 말이다. 우리는 수업 시간에 대사 외우기보다 연기 연습을 더 많이 했다. 나는 아이들이 따라 하고 싶을 정도로 과장된 표정과 몸짓으로 연기했다. 이런 나를 보고 아이들은 재미있어 했다. 그리고 쉬는 시간이 되자 그 장면을 따라 하면서 놀기 시작했다.

나를 정확하게 따라 하려면 당연히 대사를 알아야 실감 나게 할 수 있다. 그래서 아이들은 대사를 외우기 위해 쉬는 시간에 삼삼오오 모여 연습했다. 아이들 스스로 친구들과 함께 연습할 시간을 찾았다. 집에 가서도 생각날 때마다 연습하며 다음 날 유치원에 오면 친구들에게 새로운 연기를 보여주기 바빴다. 그렇게 아이들은 자신도 모르게 뮤지컬에 빠지게 되었다.

수업이 거의 끝나갈 무렵, 우리 반 아이들은 모든 역의 대사를 다 외우게 되었다. 내가 뮤지컬 발표 날이 될 때까지 아이들의 배역을 알려주지 않았기 때문이다. 뮤지컬 수업의 마지막 날 아이들이 본인의 역할을 직접 정하게 만들기 위해서였다. 나는 깊은 모자 안에 배역의 이름을 넣어 준비했다. 아이들은 차례대로 나와 종이를 꺼내고 펼쳐 배역을 확인했다.

아이들 손으로 직접 뽑았기 때문에 불만이 적었다. 맡은 배역으로 열심히 연기했다. 물론 늘 인기 있는 배역이 있다. 하지만 그 역할을 선택하지 않았다고 해도 아이들은 크게 서운해 하지 않았다. 모든 배역의 소중함을 미리 배웠기 때문이다. 그래도 아이들이라 간혹 주인공 역할을 모두가 하고 싶어 할 때가 있다. 그럴 때는 아이들 모두 역할을 해볼 수 있게 연습 시간을 줄이고 발표 시간을 늘렸다. 그래서 한 달 내내 발표 수업만 한 적도 있었다. 하지만 우리 반끼리 연습하고 발표하는 것이라 문제가 되지 않았다. 완성도가 조금 떨어지면 어떤가? 아이들이 주인공을 해보는 것으로 행복을 느낄 수 있다면, 그것이 최고의 수업이라고 생각했다.

아이들이 발표하는 날 나는 카메라를 세팅하고, 발표 모습을 비디오로 찍었다. 발표 수업 전 유치원에 있는 소품을 모두 찾아 무대를 만들었다. 그래봤자 풍선 장식과 배너, 블록으로 만든 소품들이 전부였다. 하지만 아이들은 너무나 만족해했다. 충분히 아이들의 상상력을 불러올 수 있는 훌륭한 무대 장식이었다. 그 무대 위에서 우리는 즐겁게 뮤지컬 발표를 했다. 그리고 발표가 끝나자 나는 아이들을 찍은 영상을 교실 컴퓨터로 옮겼다. 그리고 이어지는 그다음 시간에는 항상 아이들과 함께 뮤지컬 발표 영상을 감상했다. 아이들은 본인들이 연기한 모습 보는 것을 너무 좋아하며 어떤 부분은 10번도 넘게 돌려보고 또 돌려봤다. 그럴 때마다 교실 안에서는 웃음이 끊이질 않았다. 나 또한 영상 속에서 만나는 아이들의 모습을 보는 것이 행복했다. 그래서 이 행복을 부모님들과 함께하고 싶어 수업이 끝난 후 영상 파일을 보내드렸다.

"우리 아이들과 열심히 준비한 뮤지컬 발표회를 오늘 마쳤습니다. 저도 아이들도 정말 행복하게 발표회를 마쳤습니다. 이 발표회를 영상으로 담아 아이들과 함께 수업 시간에 같이 관람도 했습니다. 부모님께서도 많이 궁금하실 것으로 생각됩니다. 그래서 사랑스러운 아이들의 모습이 담긴 이 영상을 보내드립니다. 가정에서도 아이들과 함께 봐주세요. 보면서 많이 응원해주시고 칭찬도 해주세요."

다음 날 원아 수첩에 부모님들께서 다양한 후기들을 써서 보내주셨다. 아이와 어떻게 영상을 봤는지, 영상을 보면서 무슨 말을 나누었는지 예쁘게 적어서 보내주셨다. 그 메시지를 보며 나는 아이들과 또 즐겁게 이야기를 나눌 수 있었다.

나는 아이들이 이 수업을 통해서 뮤지컬책 안에 있는 노래와 율동만 배워가길 바라지 않았다. 또 책에 있는 내용을 누가 더 잘 외우는지 확인하는 수업을 하고 싶지도 않았다. 책을 모두 외우게 만들기 위해 아이들에게 스트레스를 주고 싶지 않았다. 그냥 이 수업 자체를 즐기게 해주고 싶었다. 내가 〈프렌즈〉를 보며 그랬던 것처럼 아이들에게 새로운 경험을 하게 해주고 싶었다. 연기라는 새로운 것을 해보고, 그것을 위해 즐겁게 노력하는 과정을 알려주고 싶었다. 그래서 나는 더 열심히 아이들과 연기를 했고, 아이들은 더 즐겁게 이 과정을 즐겼다고 생각한다.

영어는 공부처럼 배우기만 하는 것이 아니다. 우리 아이들처럼 온몸을 써서 노는 것 또한 공부가 될 수 있다. 그러니 오늘은 가정에서 아이와 함께 뮤지컬 배우가 되어 신나게 연기 놀이를 해보는 것은 어떨까?

만들기를 할 때 아이들은 선생님이 먼저 만드는 것을 보고 따라 한다. 선생님이 만드는 것을 볼 때는 알겠다가도 스스로 하려면 잘 모를 때가 있다. 그럴 때 선생님에게 확인하는 질문을 이렇게 해보자.

Teacher, is this right?
선생님, 이렇게 하는 게 맞아요?

Yes, it is. Well done.
네, 아주 잘했어요.

No, something is missing.
아니요, 뭔가 빠졌어요.

04

아이가 반응하는 감각을 찾아보자

—

If you can't fly then run. If you can't run then walk.

If you can't walk then crawl.

but whatever you do you have to keep moving forward.

날지 못하겠으면 뛰세요. 뛰지 못하겠으면 걸으세요. 걷지 못하겠으면 기어가세요.

무엇을 하든지 쉬지 말고 앞으로 나아가세요.

– Martin Luther King Jr. –

영어 스위치를 찾기 위해선 지금 당장 영어 공부를 시작해야 한다

우리 아이들은 겉보기에 다 비슷하게 보이지만 사실 한 명도 같은 아이가 없다. 특히 학습에 관해선 더더욱 그렇다. 아이들의 성적이 다 다른 이유도 여기에 있다. 같은 선생님에게 같은 내용을 같은 시간 동안 배워도 이해하는 정도는 천차만별이다. 그 이유는 아이마다 발달한 감각이 다르기 때문이다. 예를 들어 선생님이 시각적 자료를 많이 사용한다고 가정해보자. 관찰을 좋아하고 보는 것을 좋아하는 아이는 그 수업이 재미있을 것이다. 그러니 당연히 이해하는 것도 받아들이는 것도 다른 친구들보다 높을 수밖에 없다. 부모님은 이런 부분을 빨리 파악해야 한다. 내 아이가 수업을 어떤 방식으로 들을 때, 이해력이 높아지는지 발견하는 것이 중요하다.

　지금 가지고 있는 영어 공부법 책을 아무거나 하나 펼쳐보길 바란다. 그리고 그 안의 목차를 쭉 훑어보자. 책마다 조금 다르겠지만 어느 책에나 반드시 들어가 있는 목차가 있다. 바로 영어책 읽기에 관한 내용이다. 만약 지금 책이 없다면 온라인 서점에 들어가 마음에 드는 아무 영어책을 클릭해서 목차를 들여다보길 바란다. 정말 놀랍게도 모든 책에서 똑같이 강조하는 것이 있다. '영어 실력을 올리고 싶으면 영어책을 꾸준히 읽어라.'라는 내용이다. 이것은 아이를 위한 영어 공부법 책에도, 성인을 위한 영어 공부법 책에도 공통으로 들어가 있다.

　다시 말해 내 아이가 영어를 잘하길 바란다면, 영어책 읽기를 꾸준히 하면 된다는 것이다. 너무 간단하지 않은가? 그래서 의문점이 생긴다. 책 읽기로 영어 공부가 다 해결된다면 왜 우리나라에는 이렇게 다양한 사교육 현장이 있는 걸까? 왜 내 아이는 책을 많이 읽는데도 영어를 잘하지 못하는 것일까? 정말 책 읽기만으로 영어 말하기까지 해결이 되는 걸까? 궁금해진다.

　영어 스위치라는 말을 들어보셨는가? 영어 스위치는 말 그대로 내 안의 스위치를 켜서 영어를 잘 할 수 있게 만드는 방법이다. 이 영어 스위치라는 것은 아이뿐 아이라 어른들에게도 존재하는데 이 영어 스위치가 탁 켜지는 순간 영어 실력은 점점 향상되기 시작한다. 무슨 마법 같은 말로 들릴 수도 있겠다. 하지만 이 마법을 부리고 있는 사람들은 우리 주변에 이미 많이 있다. 굳이 유명한 영어 선생님을 생각하지 않더라도 주변에 본인이 원하는 만큼 영어를 구사하는 사람을 떠올리면 된다.

영어를 잘하는 사람들에게 물어보자. 어떻게 영어를 잘하게 되었는지. 그러면 모든 사람이 저마다 자신만의 영어 공부법을 이야기해준다. 그 공부법은 크게 특별하지 않는 경우가 대부분이라 듣는이로 하여금 종종 실망감을 안겨준다. 하지만 자세히 들어보면 대부분의 영어를 잘하는 사람들은 누구나 알고 있는 영어공부법을 본인들에게 맞게 변형시키고 적용하여 공부한 사실을 알수있다. 이것이 바로 영어 스위치다.

이 영어 스위치를 찾으려면 노력을 해야 하는데, 반드시 나 스스로 해야 한다. 내가 찾아내야 한다. 남이 찾아주는 스위치는 진짜가 아니기 때문이다. 당장은 진짜처럼 보여도 금세 본색을 드러낸다. 그럼 이 스위치는 어떻게 찾을 수 있을까? 방법은 의외로 간단하다. 우선 영어 공부를 시작하면 된다. 그게 어떤 영어 공부건 상관없다. 듣기를 시작해도 되고 읽기를 시작해도 되고 심지어 단어 암기를 시작해도 된다. 어떤 파트를 시작하는지가 중요한 것이 아니다. 우선 시작을 해보는 것이 중요하다. 그래야 본인의 영어 스위치 위치를 발견할 수 있게 된다.

나의 영어 스위치는 어디에 있을까?

나의 경우는 영어스위치가 정리하는 뇌에 있었다. 인터넷 강의를 들으며 공부를 하든, 혼자 책을 보고 공부를 하든, 그 마지막은 항상 같았다. 정리하는 과정을 꼭 거쳐야 했다. 그것도 소리를 내서 누군가에게 내가 이해한 것을 설명하는 과정을 거쳐야 완전히 내 것이 되었다. 하루 동안 정해놓은 분량의 공부를 마치면, 여태까지 했던 것을 덮고 머릿속으로 정리를 했다. 수업 내용의 키워드만 작은 종이에 메모해놓고 소리 내어 누군가를 가르친다고 생각하며 말했다. 그 과정에서 손도 움직이고 몸도 움직이는 등 내가 능동적으로 될수록 더 쉽게 기억할 수 있었다. 가만히 앉아서 눈과 손으로 공부하는 방법은 나에게 맞지 않았다. 대신 뇌를 거쳐 눈으로, 손으로, 입으로, 귀로 공부한 영어 공부는 나에게 즐거움까지 주었다.

우리 반에 평소 매우 조용한 아이가 있었다. 수업 시간에 질문하기보단 친구들이 말하는 것을 조용히 듣는 쪽에 가까운 아이였다. 내가 수업 시간에 질문을 다섯 개를 하면 겨우 한 개의 답을 해주는 그런 아이였다. 그래서 공개 수업을 앞두고 걱정이 많았다. 그날은 많은 부모님이 유치원에 와서 수업을 참관하기 때문이었다. 만일 아이의 부모님이 아이의 성향을 잘 알고 있더라도, 실제 내 아이가 수업 시간에 말 한마디 못하는 것을 본다면 기분이 좋지 않게 된다. 아이가 아무리 수업 시간에 수업을 잘 들어도, 친구들과 웃으며 이야기를 해도 소용없다. 부모님은 내 아이가 질문에 답을 하지 못하면 계속 그것만 생각한다. 그래서 걱정이었다. 미리 아이의 부모님께 이 부분을 말씀드렸지만, 공개 수업 전까지도 걱정이 되었다.

　공개 수업 날, 아이는 역시 질문에 대답하지 않고 조용히 있었다. 다른 친구들이 손을 들며 답을 맞힐 때도 조용히 자리를 지켰다. 그런데 수업 막바지에 아이는 우리 모두를 놀라게 했다. 수업이 끝나기 전 수업 내용을 복습하는 과정으로 게임을 활용하였는데, 아이가 단어를 설명하면 부모님이 답을 말하는 게임이었다. 게임이 시작되자마자 수업 시간에 그렇게 조용하던 아이의 눈빛이 달라졌다. 오로지 엄마만 보며 단어를 설명하기 시작했다. 하나씩 차분히 설명을 이어가던 아이의 마지막 단어는 종이를 붙일 때 사용하는 풀이었다. 아이가 풀을 설명한다고 상상해보자. 무엇부터 말할까? 아마도 서로 다른 두 가지를 붙일 때 사용하는 것. 혹은 내가 뭐 만들 때 사용했던 것이라고 설명할 것이다. 하지만 이 아이는 이렇게 설명했다.

"엄마, 이건 필통 안에 들어 있어요. 연필은 아니에요. 지우개도 아니에요. 자도 아니에요. 색연필도 아니에요. 이거에는 내가 가장 좋아하는 공주 그림이 그려져 있어요. 무슨 포즈를 하고 있냐면 (포즈를 보여주면서) 한 손은 허리에 있고, 나머지 한 손은 머리 위로 쭉 뻗었어요. 그리고 분홍색이에요."

　여기까지의 설명에도 아이의 엄마가 답하지 못하자 아이는 이렇게 설명을 이어갔다.

"엄마 우리 집에 가는 길, 베이커리 옆에 있는 작은 문구점 있잖아요. 빨간색 간판으로 된 문구점이요. 그 문구점을 들어가자마자 오른쪽에 있었어요. 빨간색도 있었고 노란색도 있었는데 저는 분홍색을 골랐잖아요."

"아, 풀!"

마침내 엄마는 정답을 맞혔다.

이 아이의 영어 스위치는 어디에 있는 것일까? 아이의 설명을 들으며 나는 아이의 필통을 열어 보고 있는 착각이 들었다. 또 아이가 다녀온 문구점 어디에 풀이 있는지 가보진 않았지만 알 것 같았다. 아이는 관찰력이 뛰어나 보는 것으로 많은 정보를 얻는 타입이었다. 보는 것으로 더 많이 기억하고 이해하는 이 아이에게는 풍부한 시각적 자료와 함께하는 공부법이 필요했던 것이다. 만일 이 아이가 청각을 사용하여 수업해야 하는 상황이라면, 수업 후 복습은 꼭 시각을 이용해 정리할 수 있게 해줘야 한다.

내 아이를 먼저 파악해야 한다. 질문으로 아이의 영어 실력을 이끌어 내기도 하고, 다양한 그림을 준비해 아이의 시각을 자극해봐야한다. 음악을 들려주기도 하고, 촉감을 사용할 수 있게 만져도 보게 해주는 것이다. 그리고 어떤 감각에 아이가 더 반응하는지 알아 내어 그 감각을 이용한 공부법을 제시해 보길 바란다.

수업 시간 아이들은 선생님의 말씀을 다 이해하지 못할 때가 있다. 선생님이 이렇게 해보자고 했지만, 그것이 무엇인지 모르는 경우가 있다. 무엇을 해야 할지 모를 때, 선생님에게 이렇게 말해보자. 선생님은 기쁘게 다시 설명해줄 것이다.

Teacher, I'm not sure what to do,
could you please explain it again?
선생님, 무엇을 해야 하는지 모르겠어요.
다시 한 번 설명해주실 수 있어요?

Yes, sure.
네, 그럼요.

05 # 감각을 이용해 영어 본능을 깨우자

—

Every time you state what you want or believe, you're the first to hear it.
It's a message to both you and others about what you think is possible.
Don't put a ceiling on yourself.

당신이 바라거나 믿는 바를 말할 때마다, 그것을 가장 먼저 듣는 사람은 당신이에요.
그것은 당신이 가능하다고 믿는 것에 대해 당신과 다른 사람 모두를 향한 메시지죠.
스스로에 한계를 두지 마세요.

– Oprah Winfrey –

개나리와 진달래는 영어로 어떻게 말할까?

봄이 되면 자주 듣고 말하게 되는 꽃 이름이 바로 개나리와 진달래가 아닐까 생각된다. 아마도 여기저기에서 흔히 볼 수 있기 때문일 것이다. 하지만 얼마나 많은 사람이 이 꽃 이름을 영어로 알고 있을까? 내 생각에는 그리 많지 않을 것 같다. 멀리서 찾을 필요 없이 나부터도 아이들을 가르치기 전에는 몰랐다. 왜 그동안 한 번도 이 꽃들을 영어로 말하는 것을 배우지 않았는지 생각해봤다. 언어는 문화를 배우는 것이라고 하는데, 영어를 쓰는 문화는 한국이 아니다. 그래서 듣기 쓰기 말하기 어떤 것을 배워도 그 안에 들어 있는 내용은 한국 문화에 관한 것이 없다. 그 결과 나는 로즈와 튤립은 아는데, 개나리와 진달래는 모르게 된 것이었다.

새 학기 초였던 것으로 기억한다. 아이들이 배울 교재를 쭉 훑어보던 중 봄에 관한 주제도 있어 가볍게 보고 있었다. 알록달록 예쁜 꽃 그림을 보면서 책의 아래를 보는 순간 당황했다. 영어로 개나리와 진달래를 적어야 했기 때문이다. 그동안 영어를 배우고 공부하면서 한 번도 배우지 않은 단어였다. 평소에 한국어로는 정말 많이 쓰는 말이었지만 굳이 영어 단어로 찾아볼 생각을 못 했었다. 부랴부랴 사전을 찾아서 보니 개나리는 forsythia, 진달래는 azalea이었다. '아, 이래서 몰랐구나.' 언뜻 봐도 쉽게 발음이 되는 단어가 아니었다. 게다가 영어를 공부할 당시에는 이것이 아니어도 외워야 할 단어가 늘 산더미인데, 일부러 찾아서 공부했을 리가 없었다.

영어는 관심이 전부다. 관심을 가지고 호기심을 일으켜 궁금증을 해결해야 한다. 그 과정에서 모르는 것을 적극적으로 물어보고 알아내어 내 것으로 만들어야 한다. 그래야 재미있고 기억에 오래 남는다. 다시 말해 오래 기억하고 싶다면 재미가 동반되어야 한다는 것이다. 그런데 만약 내가 저 단어들을 문제집에서 만났더라면 지금처럼 호기심이 생겨 사전을 찾아봤을까? 과연 기억이나 할 수 있었을까? 나도 몰랐던 꽃 이름을 아이들에게 가르치면, 과연 얼마나 많은 아이가 꽃 이름을 기억할 수 있을까? 꼬리에 꼬리를 무는 생각을 하다가 번뜩 아이디어가 떠올랐다. '아이들에게

단어를 알려주지 말고 경험을 알려주자!'

이 수업을 할 당시 막 개나리와 진달래가 피고 있었다. 밖에 나가서 조금만 걸어도 쉽게 꽃들을 발견할 수 있었다. 그래서 아이들이 오늘 수업을 하고 직접 밖으로 나가 꽃을 보는 건 어떨까 생각했다. 물론 책에도 그림이 그려져 있지만 역시 실제로 보는 것이 제일이라는 생각을 했다. 경험이 최고의 공부라는 말이 머릿속에서 떠나지 않았다. 그러나 수업종이 울리면서 이내 생각을 접고 수업을 시작했다.

아이들도 나처럼 처음 들어보는 꽃 이름을 생소하게 여겼다. 게다가 개나리와 진달래를 구분하지 못했다. 영어 단어를 쓰는 것이 문제가 아니었다. 나는 아이들에게 먼저 개나리와 진달래를 정확히 알려주어야 했다. 종이에 개나리와 진달래의 꽃의 형태를 인쇄했다. 그리고 그것을 아이들에게 나누어주었다. 색을 칠하기 전에 어떤 것이 개나리이고 어떤 것이 진달래인지 관찰부터 하게 했다. 모양만 보고 어떤 것인지 알아내는 것이다. 그 후 색을 칠하게 했다. 노란색과 분홍색으로 꽃들을 칠하면서 더 확실히 구별할 수 있게 했다. 그런 후 그 밑에 이름을 적었다. 개나리와 진달래를 영어로 적었고 그 종이를 수업 시간에 배운 책에 붙였다.

아이들 스스로 즐겁게 복습하는 특별한 숙제

"여러분, 오늘은 특별한 숙제가 있어요. 내일, 오늘 배운 봄꽃을 하나씩 가지고 오는 거예요. 오늘 선생님과 배운 개나리도 좋고 진달래도 좋아요. 혹은 다른 꽃을 찾는다면 그것도 좋아요."

아이들은 신났다. 숙제라고 했지만, 숙제가 아니어서 그랬던 것 같다. 수업 시간에 충분히 단어에 관해 설명 듣고 직접 그림까지 그려봤으니 집에 가면 부모님께 설명할 것이다. 오늘 꽃에 대해 배웠는데, 내일 꽃을 하나씩 가지고 가야 하는 숙제가 있어 지금 밖에 나가서 꽃을 찾아야 한다고 말이다.

부모님은 아이 손에 이끌려 밖으로 나와 아이들이 말하는 꽃을 찾게 될 것이다. 하지만 아이들은 그 꽃 이름을 영어로 배웠기 때문에 당연히 부모에게 꽃의 이름을 한글이 아닌 영어로 말하게 될 것이다. 그러면 부모는 그 꽃 이름이 한국어로 무엇인지 아이에게 되묻게 될 것이고 아이는 꽃에 관해 자세히 설명하게 될 것이다. 내가 아이들에게 했던 것처럼 말이다. 나에게 들었던 설명을 본인들만의 방식으로 다시 부모에게 설명한다. 그리고 실제 꽃을 가지고 오기 위해 찾고, 보고, 만져 볼 것이다. 이 과정에서 아이들은 몸의 감각을 모두 사용하게 된다. 의도하든 의도하지 않았든 아이들은 반복하면서 꽃 이름을 익히게 될 것이다.

다음날 저마다 꽃을 하나씩 가져왔다. 나는 꽃을 가지고 온 아이들을 칭찬했다. 하지만 가지고 온 꽃이 무슨 꽃인지 이름을 묻지는 않았다. 그 대신 어떻게 꽃을 찾았고, 누구랑 갔으며, 꽃을 찾기 위해 무엇을 했는지를 물어봤다. 아이는 꽃을 찾았던 상황을 더듬거려 기억했다. 그 기억을 토대로 나와 반 아이들에게 이야기를 해주었다.

이것이 나의, 우리 반의 복습 방식이다. 이미 알고 있는 단어를 또 말하게 하는 것은 나도 아이들도 재미가 없다. 대신 그 주변 상황을 떠올리게 하여 그 단어를 더 오래 기억할 수 있게 만드는 것이다.

수업 후 이 방법이 실제로 얼마나 오래 단어를 기억할 수 있는지 궁금했다. 그래서 같은 책을 1년 먼저 공부했던 반 아이들을 찾아갔다. 유치부를 졸업하고 초등부 수업을 다니고 있는 아이들이었다. 이 친구들은 나에게 수업을 배우지 않았기 때문에 나와 우리 아이들이 했던 방법으로 꽃 이름을 기억하지 않았을 것이다. 나는 아이들에게 꽃에 관해 설명해주고 이 꽃 이름들이 기억나는지 물었다. 한 명을 제외한 나머지 아이들은 기억이 나지 않는다고 했다. 그래서 꽃 이름을 말해주고 다시 질문했다. 그러자 조금 더 많은 아이가 꽃 이름이 기억난다고 했다.

일 년이 지난 후 내가 가르친 아이들이 졸업하는 날이 왔다. 졸업을 축하하기 위해 장식된 꽃을 보고 있었는데, 갑자기 어떤 아이가 그날 수업에 대해 말을 시작했다. 진달래와 개나리를 배웠던 그 수업을 자세히 기억하고 있었다. 꽃의 모양은 어떻고, 색과 향기는 어땠는지 쉼 없이 이야기했다. 심지어 옆 친구가 개나리를 분홍색으로, 진달래를 노란색으로 칠한 것까지 기억해 말했다.

경험으로 배운 것은 이렇게 놀라운 효과를 보여준다. 경험이라는 것은 결국 감각에 대한 기억이다. 내가 얼마만큼의 감각을 이용했었는지에 관한 것이다. 여기 두 아이가 있다고 하자. 영어 단어를 외워야 하는데 한 명은 눈으로만 보면서 외운다. 또 다른 한 명은 눈으로 보고 입으로 말하고 귀로 듣고 손으로 쓰면서 외운다. 나중에 단어를 훨씬 많이 기억하는 아이는 누굴까? 당연히 더 많은 감각을 사용하는 아이일 것이다. 감각은 아이의 영어를 깨운다. 엄밀히 말하면 감각은 영어를 공부하는 뇌를 깨운다. 그 때문에 감각과 경험으로 기억하는 공부법은 학습적인 면에서 큰 효과를 발휘하게 되는 것이다. 그러니 감각을 이용해 아이의 영어를 깨운다면 아이는 더 즐겁게 영어를 공부할 수 있게 된다.

대화하다가 혹은 책을 읽다가 모르는 단어를 발견한다면, 이렇게 질문
해보자.

Teacher what does ^(this word) mean?
선생님 ^(이 단어)는 무슨 뜻이에요?

It means…….
그 뜻은…….

모든 질문으로 통하는 답은 하나다

—

I have but one lamp by which my feet are guided

and that is the lamp of experience.

나에게 길을 안내해 주는 등불은 하나뿐입니다. 그것은 경험이라는 등불입니다.

– Patrick Henry –

아이들 책의 답이 다 다르다고?

"선생님, 아이의 책을 확인하다 궁금한 것이 있어서 전화 드려요. 아이가 쓴 답이 틀린 것 같은데 맞게 표시가 된 부분이 있어서요. 다른 아이들의 답은 다 같은데 왜 우리 아이가 쓴 답만 다르지요? 그리고 왜 답이 맞게 되어 있지요?"

아이들의 부모님들과 상담을 하다 보면 예기치 않은 질문을 받게 된다. 그런데 그 질문들이 나로서는 당연해서 미처 생각하지 못한 부분들일 때가 있다. 이를테면 아이들이 쓴 답에 관련된 것들이다. 한 달에 한 번 혹은 분기별로 한 번씩 아이들은 유치원에서 배운 책을 모두 집으로 가져가 보관한다. 그래서 책을 보내기 전에 선생님들은 다양한 부분을 검토한다.

1. 답이 모두 **빠짐없이** 기록되어 있는가?
2. 채점이 모두 되어 있는가?
3. 아이의 글씨는 알아볼 수 있게 적혀 있는가?
4. 아이가 쓴 답이 맞는 답인가?
5. 책에 문제를 풀지 않은 곳은 없는가?

주로 이런 부분들을 검토한다. 그런데 담임이라고 해도 내 반 수업을 나 혼자만 하지 않기 때문에 아이들이 사용하는 모든 책을 매번 확인하기가 쉽지 않다. 특히 원어민 선생님 수업에 관한 부분이 그랬다. 그래서 나는 원어민 선생님에게 양해를 구하고 매일 책을 확인했다. 오늘의 진도는 정확하게 마쳤는지, 아이들 답을 정확히 확인하고 채점했는지 일일이 확인했다. 그리고 집으로 책을 보내기 전 다시 한 번 최종 점검까지 했다. 그래서 어머님의 말씀을 듣고도, 아이의 답이 틀렸을 리가 없다고 생각했다. 아이가 무슨 답을 적었는지 확인해야 했다.

"어머님께서 말씀하시는 부분을 제가 지금 정확하게 파악하기 어려운 점이 있습니다. 혹시 괜찮으시다면, 내일 아이 편으로 책에 말씀하신 부분을 표시해서 다시 보내주실 수 있을까요?"

다음날 나는 아이의 책을 볼 수 있었다. 책에 표시된 문제들은 주관식이었다. 다른 아이들과 다른 답이 적힌 문제가 객관식이 아니라 아이의 생각을 적는 주관식이었다. 그래서 나는 몇 번 더 확인 해봤다. 혹시 틀린 문법이 있었는지 살펴봤지만, 문법이 틀린 것도 없었다. 수업 시간에 내가 아이와 함께 고친 흔적이 있었기 때문이다. 아이의 답을 다시 들여다봤다. 그 순간 알았다. 이 아이의 답이 다른 아이들의 답과 다르다는 어머님의 말씀을 말이다.

아이의 답이 다른 친구들의 답과 달랐던 이유

나는 수업을 할 때 아이들에게 답을 알려주지 않는다. 이유는 아이들 스스로가 답을 찾는 연습을 하길 바라기 때문이다. 또 모르는 문제를 만났을 때 아이들 스스로 고민을 하는 시간을 가졌으면 하는 바람도 있었다. 시간이 없어 부득이하게 반 전체가 같이 문제를 풀어야 하는 경우도 마찬가지다. 답을 찾는 과정을 설명해주지, 답을 말해주진 않는다. 그래서 아이들의 답이 똑같지 않게 된 것이다.

평소 이 아이는 책을 많이 읽는 아이였다. 어려운 책, 쉬운 책 가리지 않고 다양하게 읽었다. 읽었던 책을 또 읽는 것은 기본으로 정독과 다독을 고루 실천하는 아이였다. 아이는 시간이 지날수록 다양한 단어와 문장을 사용하는것을 좋아했다. 가끔은 질문에 관한 답이 정확하게 맞지 않는 것도 있었다. 하지만 질문 자체가 아이의 생각을 묻고, 책이 요구하는 답과 아이의 답의 방향이 다르지 않다면, 나는 그 답을 맞게 해주었다. 아이의 답엔 들어가야 할 내용이 다 들어가 있었기 때문이다.

예를 들면 이런 것이다. '이야기를 읽고 탐은 무슨 날씨를 좋아하는지 적어보세요.' 이 이야기 속엔 여러 가지 날씨가 소개되었다. 화창한 날, 비 오는 날, 바람 부는 날, 구름 낀 날에 관한 설명이었다. 탐은 이 중에서 바람 부는 날이 좋다고 했다. 이유는 탐이 사는 곳은 항상 날씨가 더운데, 바람이 더위를 식혀주기 때문이었다. 그래서 아이들의 답은 대부분 'Tom likes windy days.'이었다. 그런데 이 아이의 답은 'Tom likes breezy days.'이었다. 대부분의 아이는 답을 지문에있던 'windy'를 찾아서 썼다. 하지만 이 아이는 예전 이야기책에서 본 breezy 단어를 기억해 썼다. 지문에 있는 단어는 아니었지만, 내용의 흐름으로는 맞는 답이기도 했다. 물론 철자가 틀려 다시 고친 흔적이 있었다. 하지만 철자를 고친 후 아이의 답은 흠잡을 곳 없는 멋진 답이었다. 단지 친구의 책에 적힌 답과 다르다고, 그 답이 틀렸다고 말하는 것은 조금 무리가 있었다. 분명 둘 다 맞는 답이었기 때문이었다.

다만, 수업 시간에 나와 복습하는 시간은 제외였다. 책에 나와 있는 단어를 써서 정확하게 답하는 것을 연습하는 시간이기 때문이다. 글을 읽고 토론하는 과정이라고 해도 예외는 없었다. 이유는 아이들이 말을 하다 보면 무의식중에 본인이 쓰고 싶은 단어만 사용하기 때문이다. 비슷한 의미의 단어를 열 개를 알고 있어도, 입에 잘 붙고 좋아하는 단어만 사용한다. 나는 아이들에게 입으로 말하기 연습을 할 때 되도록 많은 단어를 다양하게 사용해볼 수 있게 가르치고 싶었다. 아이들이 스스로 복습하다 보면, 이미 잘 알고 있는 것 같아도 말을 하려면 정리가 안 되는 경우가 있다. 그럴 때 지문 속에 나와 있는 단어가 아닌 평소 쓰던 단어를 쓰면 그 의미가 미묘하게 달라진다. 그래서 책을 덮고 복습하는 시간은 언제나 책에 나온 단어를 사용하는 것을 규칙으로 삼았다.

아이들에게 영어를 가르쳐오면서 배운 것이 있다. 그것은 아이들에게 답을 정해놓고 질문을 하지 않아야 한다는 것이다. 물론 앞서 말했던 복습에 관한 경우를 제외하고 말이다. 내가 내 질문에 답을 하지 않는 이상 다른 사람이 말하는 답은 다 다를 수밖에 없다. 수업하다 보면 어느 순간 나도 답을 정해놓고 질문을 하는 경우가 생긴다. 그럴 때마다 아이들은 예상치 못한 답변으로 나를 깨워준다. 아이들에게 질문한 답이 내가 생각한 정답과 먼 답일지라도 전체를 놓고 보면, 그 또한 훌륭한 답인 경우가 종종 있다. 시험을 보고 점수를 매겨야 하는 상황이 아니라면, 늘 유연하게 생각할 힘을 길러야 한다고 생각한다. 모든 질문의 답을 하나로 만드는 것은 위험하다. 영어는 언어이기 때문에 어느 하나가 정답이라고 단정 지을 수 없기 때문이다.

수업 중에 아이들이 한 번씩 꼭 질문하는 것이 있다. 너무나 헷갈리는 스펠링을 어떻게 써야 할지 모르기 때문이다. 그럴 땐 이렇게 질문하면 된다.

Teacher, how do I spell friend?
선생님, 친구라는 단어 어떻게 써요?

It's f-r-i-e-n-d.
f-r-i-e-n-d라고 적어요.

07 학습 동기 vs 성취 동기 : 균형을 잡자

—

What can you do today to bring you one step closer to your goal?

한 걸음 더 목표에 다가가기 위해서 오늘 무엇을 할 수 있을까?

– Anonymous –

제프를 움직이게 한 것은 학습 동기였다

"로지 티처, 있잖아요. 저 스피치 다 외웠어요. 한번 들어보실래요?"

나는 눈이 똥그래졌다. 그리곤 대답 대신 고개를 크게 끄덕였다. 아이가 이끄는 손을 잡고 교실로 들어갔다. 아이는 책가방을 내려놓았다. 내 눈을 바라보고 어깨를 폈다. 그리고 자신 있는 목소리로 스피치를 멋지게 외우기 시작했다.

"제프, 최고예요. 정말 잘했어요. 선생님은 제프가 해낼 줄 알았어요. 너무 자랑스러워요."

일 년에 두 번, 학기가 끝나는 날 영어유치원에서는 스피치 콘테스트를 한다. 아이들이 한 학기 동안 열심히 연습한 내용을 모두 앞에서 발표하는 날이다. 처음으로 많은 친구 앞에서 발표하는 경험을 하게 되면서 예상치 못한 상황이 펼쳐지기도 한다. 평소에 발표를 잘하던 아이가 무대 위에서 얼음이 되는가 하면, 반대로 목소리도 작고 웅얼거리던 아이는 무대 위에서 멋지게 발표를 해내기도 한다. 선생님의 예측이 빗나가는 것이다. 하지만 결과가 어쨌든 우리 아이들은 발표 전까지 최선을 다해 노력한다. 그리고 믿을 수 없는 놀라운 성과를 보여준다.

스피치 콘테스트의 주제가 정해지면 선생님들은 아이들과 함께 대본을 작성한다. 예를 들어 주제가 '내가 가장 좋아하는 장난감'이라고 하면, 나는 아이들과 가장 좋아하는 장난감에 관해 이야기를 나눈다. 장난감의 종류와 이름, 생김새, 좋아하는 이유 등 최대한 많은 정보를 종이에 옮겨 적는다. 이 내용을 토대로 원어민 선생님이 대본을 작성해주면, 다시 아이와 함께 수정한다. 더하고 싶은 사항이나 빼고 싶은 사항을 고치며 최종대본을 완성한다.

대본이 만들어지면 원어민 선생님이 대본을 녹음해준다. 이 녹음본을 들으며 아이들은 가정에서 연습을 시작한다. 유치원에서는 연습할 기회와 시간이 충분하지 않기 때문에 가정에서 주로 연습하게 된다. 그래서 아이마다 외우는 속도가 다 다르다. 어떤 아이는 대본을 받은 날부터 빠르게 외워가지만 어떤 아이는 시작도 하지 않고 버티기도 한다.

우리 반 제프가 이 경우였다. 제프에게 얼마나 연습을 했는지 물어보면 늘 웃으며 저 멀리 도망갔다. 그래서 제프의 부모님께 여쭤봤더니 아이가 집에선 연습을 안 한다고 말씀하셨다. 아이가 하질 않는다는 것이다. 전화를 끊고 나는 마음이 바빠졌다. 일주일이 지나도 이 주일이 지나도 아이는 한 줄도 외우지 않을 것이기 때문이다. 반면 그 시기가 되면 다른 친구들은 이미 반 이상 스피치를 외우게 된다. 쉬는 시간에 모이면 나는 이만큼 외웠어, 나도 이만큼 외웠어 하면서 자랑하기 바쁘겠지만 거기에 제프는 없을 것이다. 이러다 대회 날이 다가오면 제프는 유치원에 오지 않겠다고 부모님께 떼를 쓸 것이다. 갑자기 머리가 아프고 배도 아프다며 온갖 변명을 만들어 낼것이 눈앞에 보였다.

제프를 이대로 둘 수 없었다. 지금 빨리 아이가 연습을 시작할 수 있게 해야 했다. 제프는 굉장히 영민한 아이였다. 그래서 시작만 하면 그 누구보다 잘 해낼 아이였다. 다만 그 마음을 먹기가 쉽지 않아서 문제였다. 그래서 나는 당장 제프의 학습 동기를 유발해야 했다.

제프에게 스피치 연습을 시작하게 하려면 우선 제프와 이야기를 해봐야 했다. 왜 연습을 하지 않았는지 물어봤다. 아이는 싫어서 안 했다고 했다. 그래서 무엇이 싫은지 물으니 외워야 할 양이 너무 많기 때문이라고 했다.

그래서 나는 그 양이 적어지면 할 수 있는지 물었다. 아이는 대답 대신 고개를 살짝 끄덕였다. 하지만 제프에게 준 스피치 양을 줄일 순 없었다. 대신 하루에 외워야 할 분량을 하루 한 문장으로 줄여주기로 했다. 그리고 제프에게 쉬는 시간을 이용해 나와 2분 동안만 스피치를 연습해보는 것은 어떤지 물었다. 2분? 고개를 갸웃거리는 아이를 데리고 시계 앞으로 갔다. 1분이 어느 정도 시간인지 시계 앞에서 바늘이 돌아가는 것을 보여줬다. 이 시곗바늘이 두 번 돌면 끝난다고 알려줬다. 제프는 놀란 눈치였다. 생각보다 짧은 시간이 무척이나 마음에 들었을 것이다.

다음날 나는 제프와 스피치 연습을 시작했다. 한 문장이라는 것 때문에 제프는 시작 전부터 이미 할 수 있다는 마음이었다. 워낙 똑똑한 아이라 영어 한 문장 외우는 것은 일도 아니었다. 나는 연습을 시작하기 전에 2분으로 타이머를 맞추었다. '띠띠띠띠……' 타이머 소리가 나기도 전, 첫날 첫 문장을 쉽게 외웠다. 그리고 연달아 두 개의 문장을 더 외웠다. 첫 문장은 인사말로 시작되는 짧은 문장으로 되어 있었다. 한 번에 세 문장이 이어지는 짧은 문장들이라 자연스럽게 외울 수 있었다. 둘째 날 우리는 다시 연습을 시작했다. 전날과 달리 조금 긴 문장이 기다리고 있었다. 하지만 제프는 어제 세 문장을 한 번에 끝낸 아이가 아니던가! 자신감이 붙은 제프에게 오늘 한 문장은 조금 길지만 금방 해낼 수 있다고 말하며 문장을 읽어주었다. 제프는 집중해서 듣더니 금방 따라 했다. 연습 몇번에 긴 문장을 또 쉽게 외워버렸다. 그리곤 이미 외운 문장을 연결해 말하기까지 했다. 자신감과 재미가 붙은 제프는 이날 이후 일주일 만에 A4 한 장 분량의 스피치를 모두 외웠다.

글씨 쓰기로 아이들의 성취 동기를 높여라

매일 아침 우리 반 아이들이 교실에 들어오자마자 해야 하는 일이 있다. 가방에서 숙제를 꺼내 책상 위에 펼쳐 놓는 것이다. 반 아이들 모두 숙제를 펼쳐 놓으면, 나는 수업 전에 숙제 검사를 한다. 그동안 아이들은 글씨쓰기를 하며 수업을 기다린다. 글씨쓰기는 수업 전 아이들을 차분하게 만드는 방법을 찾다가 시작하게 되었다. 마음이 차분한 아이들은 쉽게 수업에 집중했기 때문이다.

아침에 졸린 눈을 비비고 일어난 아이들도 유치원에 도착하면 잠이 깬다. 친구들과 선생님을 만나고 인사를 하다 보면 활력이 넘치게 된다. 이런 아이들이 수업 종이 울리고 자리에 앉는다고 바로 수업에 집중할 수 있을까? 이 아이들의 집중을 얻어 내려면 수업 하나를 마쳐야 겨우 가능하다. 그래서 수업을 위해 아이들의 마음을 안정시키고 차분히 만드는 것이 필요했다. 그래서 찾아낸 것이 글씨 쓰기였다.

매일 아이들에게 알려주고 싶은 문장을 준비했다. 세 번 정도 반복해서 쓸 수 있게 종이에 인쇄하여, 아이들에게 한 장씩 나눠줬다. 종이를 받으면 인쇄된 문장 아래 칸에 글씨를 쓰는데, 인쇄된 글씨처럼 쓰기 위해 천천히 써 내려가야 한다. 마음이 급해 빨리 쓰려고 하면 글씨를 예쁘게 쓸 수 없기 때문이다. 이렇게 글씨를 쓰는동안 아이들의 마음은 점점 차분해진다. 그리고 마침내 문장을 다 써내고 나면 종이에는 정갈한 글씨가 남는다. 아이들은 그 글씨를 보면서 뿌듯한 성취감을 느낀다. 길어야 5분 정도 노력으로 훌륭한 결과를 바로 확인하게 되는 것이다. 이 글씨 쓰기는 효과가 정말 좋았다. 글씨쓰기를 시작한지 한달이 채 되지 않아 아이들의 변화를 눈으로 확인 할 수 있었다. 글씨쓰기를 시작한 이후 아이들은 수업에 더 집중하게 되었을 뿐 아니라, 내가 노력하면 무엇이든 할 수 있다는 자신감을 가지게 되었다.

공부법이라는 여러 책을 읽다 보면 공통적인 내용이 있다. 스피치 연습과 글씨 쓰기 같은 학습 동기와 성취 동기에 관한 것이다. 그래서 많은 부모님이 고민한다. 학습 동기와 성취 동기가 중요한 것은 알겠는데, 이것을 어떻게 내 아이에게 심어줄 수 있는지 모르겠다는 것이다. 그런데 아주 쉬운 방법이 있다. 바로 아이들의 목소리에 귀를 기울이는 것이다. 아이들은 항상 도움을 요청 한다. 그 방법이 가끔은 도움을 요청하는 것처럼 보이질 않을 수 있다. 제프처럼 말이다. 하지만 조금만 더 아이의 관점에서 보고 생각하려고 애쓰면 답은 금방 찾게 된다. 보통은 아이가 싫어하는 것부터 찾아보면 빠르다. 우선 문제점을 찾아 가장 쉬운 것부터, 가장 큰 효과가 나타나는 것부터 시도하길 바란다. 눈앞에 결과물이 보여야 아이들의 학습 동기도 성취 동기도 더 오래 가기 때문이다. 자신감이 모든 것의 시작이다.

책을 읽다가 발음을 모르는 단어를 발견했다. 이럴 때 선생님께 어떻게 여쭤볼까? 아래의 표현을 참고하자.

Teacher, how do I pronounce (this word)?

선생님, (이 단어)는 어떻게 발음해요?

It is butt-er-fly.

나비라고 발음해요.

기다림과 반복은 기적을 만들어낸다

—

When life brings big winds of change that almost blow you over,

close your eyes, hang on tight, and believe.

당신을 넘어뜨릴 만한 강한 변화의 바람이 불어올지라도 눈을 감고 버티세요.

그리고 믿으세요.

– Anonymous –

아이를 끝까지 믿고 기다려준 부모님이 만들어낸 결과

영어유치원에선 매주 아이의 생활과 수업에 대해 상담을 한다. 나는 상담 전 미리 메모해둔 수첩을 펼쳐놓는다. 정해진 시간 안에 최대한 많은 이야기를 듣고 답하기 위해서다.

다음 네 가지의 내용은 상담할 때 내가 기본적으로 이야기하는 내용이다. 여기에 아이들 별로 메모를 더 추가하여 상담을 진행한다.

1. 아이의 전반적인 유치원 생활
2. 한 주 동안 진행된 학습 결과
3. 다음 한 주의 학습계획 및 목표
4. 행사와 관련된 유치원 공지사항

아이에게 갑자기 일이 생겨 부모님들께 바로 알려야 하는 상황이 생기는 경우가 있다. 주로 아이의 건강과 관련된 일이다. 이런 경우를 제외하면 보통 일주일에 한 번 상담하게 된다. 상담은 전화로 이루어진다. 보통 1~2분에 끝나는 상담이 아니기 때문에, 충분히 시간을 가지고 상담하기 위해 요일별로 나누어 상담 일정을 잡는다.

나는 항상 우리 반 상담은 타샤의 부모님으로 시작하였다. 타샤는 성격도 좋고 웃음도 많은 너무나 사랑스러운 아이였는데 이런 아이 만큼이나 부모님도 유쾌하셨다. 그래서 나는 언제나 전화를 기쁘고 반갑게 받아주시는 타샤 부모님으로 시작하는 상담이 즐거웠다. 사실 상담 시간만 놓고 보면 타샤 어머님과의 상담은 쉬운 상담이 아니었다. 항상 아이에 대해 많은 고민을 털어놓으셨기 때문이다. 아이의 유치원 생활, 영어 수업에 대한 많은 질문으로 조언을 구하셨다. 그래서 어머님과의 상담은 늘 20분을 넘기기 일쑤였고 가끔은 한시간씩 이어지기도 했다. 그런데도 늘 이 어머님께 먼저 전화를 드렸던 이유는 내가 어머님으로부터 느낀 마음 때문이었다. 통화하다 보면 안다. 상대방이 지금 어떤 마음으로 나와 통화를 하고 있는지 말이다. 어머님의 말투는 유쾌하였고 진실했다. 아마도 나는 그 마음에 보답하기 위해 더 열심히 어머님의 말씀을 듣고 답해드렸던 것 같다.

감사하게도 내가 맡았던 반 아이들의 부모님들은 나에게 응원과 지지를 아끼지 않으셨다. 내가 아이들과 매번 새로운 것을 하고 싶다고 할 때마다 이유를 따져 묻지 않으셨다. 대신 응원을 먼저 해주셨다. '좋은 아이디어 다, 재미있겠다, 아이가 좋아하겠다.'라는 말씀을 먼저 해주셨다. 그래서 나와 우리 아이들은 짧은 시간 동안 많은 프로젝트를 벌일 수 있었다.

타샤의 어머님 또한 다르지 않았다. 특히 아이의 영어 교육에 관해선 나를 전적으로 믿고 기다려 주셨다. 타샤는 모든 부분이 느린 아이였다. 같은 반 다른 친구와 열 달이나 차이 날 정도로 어렸다. 친구들에 비해 느린 것이 어쩌면 당연했다. 그러나 부모님 입장에서는 천천히 제 속도로 가고 있는 타샤의 영어 실력이 다른 친구들과 비교되었을 것이다. 학기 초부터 빠르게 실력이 느는 다른 친구들을 보며 마음이 급해질 어머님께 이런 부분을 차분히 설명해드렸다.

"어머님, 우리 아이는 다른 친구들과는 달리 영어가 늘게 되는 시기가 조금 느릴 수 있습니다. 지금은 아이가 다른 친구들에 비해 빨리 따라오지 못하는 것으로 보여도, 아이는 제 속도로 열심히 잘 따라오고 있습니다. 같은 수업을 받고 있다고 해서 똑같이 영어 실력이 향상되는 것은 아니에요. 아이마다 영어가 느는 시기가 다 다릅니다. 그러니 저를 믿고, 또 아이를 믿고 기다려주세요. 그러면 아이의 성장한 모습을 반드시 보게 되실 거예요. 그 시기가 언제라고 정확히 말씀드릴 순 없습니다. 하지만 그동안의 제 경험과 아이의 성향을 종합해 봤을 때, 2학기 중반 정도가 되지 않을까 예상합니다."

어머님께 이렇게 말씀드렸다. 이 상담을 1학기 초에 했다. 이제 막 학기를 시작한 아이의 영어 실력이 2학기 때나 오를 것 같다는 말씀을 드린 것이다. 친구들은 하루가 다르게 영어 실력이 느는 것이 눈에 보이는데, 타샤는 2학기 때나 실력이 늘 것이라니! 이야기를 들은 어머님의 마음이 얼마나 속상했을지 짐작하고도 남았다.

하지만 어머님께선 속상한 마음을 감추시고 아이를 믿고 기다려주시겠다고 했다. 단 한 번도 아이를 다그치거나 아이의 영어 실력에 대해 조급해하지 않으셨다. 그 결과 아이가 졸업할 땐 같은 아이가 맞나 의심이 들 정도로 영어 실력이 향상되었다. 듣기, 읽기, 쓰기, 말하기 어떤 것 하나 뒤처지는 것이 없었다. 특히 정확하게 문장을 만들어내는 실력이 뛰어나게 향상되었다. 이 모든 것은 아이를 끝까지 기다려준 어머님의 믿음이 만들어 낸 결과였다.

숙제는 여행을 가서도 계속되어야 한다

나는 아이들에게 숙제를 많이 내주는 선생님이었다. 늘 다른 반의 1.5

배의 숙제를 내주었던 것 같다. 하루도 빠지지 않았다. 심지어 여행을 가는 아이에게도 숙제를 내주고 따로 부모님들께 전화도 드렸다. 숙제해야 하는 책을 잊지 말고 가져가 달라고 당부를 드리기 위해서였다. 그만큼 나는 숙제에 대해 민감한 선생님이었다. 그 이유는 아이들이 숙제를 통해 스스로 정리하는 시간을 가져, 그날 배운 내용을 모두 소화하길 바랐기 때문이다. 하지만 더 큰 이유는 반복적인 습관을 만들어주고 싶은 마음이었다. 아이들에게 습관을 만들어주기는 쉽지 않다. 하지만 한 번 만들어진 습관은 오랫동안 유지된다. 특히 어린 아이들일수록 더 빠르게 습관을 만들 수 있고 더 오래 습관을 유지할 수 있다.

갓 태어난 아기를 생각해보면 이해가 빠르다. 부모는 태어난지 얼마되지 않은 아이에게 수면교육을 시작한다. 목욕을 시키고 모유나 분유로 아이를 배부르게 하여 잠잘 준비를 시킨다. 그다음 아이를 안고 자장가를 불러준다. 처음에는 이런 노력에도 잠을 자지 않아 부모들을 힘들게 한다. 하지만 아이는 곧 수면 교육에 적응한다. 얼마 지나지 않아 아기는 부모가 수면을 유도하기 위해 사용했던 방법을 다 쓰지 않아도 잠을 자게 된다. 나중에는 '이제 잘 시간이야 자러 가자.'라고 말만 해도 아이가 스스로 잠을 잔다. 이렇게 형성된 수면 습관은 아이가 클 때까지 쭉 이어진다.

타샤도 부모님과 여행을 많이 다녔다. 여행하는 동안 숙제를 꾸준히 했다. 그날 끝내야 하는 분량을 못 끝냈어도 매일매일 숙제를 했다. 꾸준히 본인이 할 수 있는 만큼 계속했다. 숙제를 다 끝마치면 좋겠지만, 그렇지 못해도 괜찮았다. 아이가 매일 숙제를 위해 책을 펴는 그 마음만으로도 충분했다. 공부를 잘하고 못하는 것은 그다음 일이다. 타샤는 이런 부분에서 훌륭한 학생이었다. 이런 마음이 습관을 만들게 되었고, 그 습관은 결국 타샤의 영어 실력을 만들어냈다.

기다림과 반복이라는 단어들은 어른들에게도 가볍게 다가오지 않는다. 그 안에 노력이라는 의미가 들어가 있기 때문이다. 기다리기 위해 노력해야 하고 반복하기 위해 노력해야 한다. 영어유치원은 사교육 현장이다. 눈에 보이는 성과가 빨리 나와야 한다. 그래서 이곳에선 선생님도 아이도 학부모도 마냥 기다릴 수 없다. 또 끊임없이 같은 것을 반복만 할 수도 없다. 그래서 믿음이 필요하다. 선생님을 향한 믿음, 아이를 이끌어줄 믿음이 절대적으로 필요하다. 그 시간이 짧게는 몇 개월 길게는 몇 년이 걸리기도 한다. 하지만 이 시간을 잘 지나온 아이는 결과적으로 더 많은 시간을 절약하게 된다. 아이를 위한 기다림과 반복은 늘 기적을 만들어 낸다.

숙제가 뭔지 방금 들었는데 금방 잊어버릴 때가 있다. 혹은 선생님이 말씀해주신 숙제를 잘 알아들었는지 확인하고 싶을 때도 있다. 그럴 땐 이렇게 질문해보자.

Teacher, what do I need to do for homework?
선생님, 숙제가 뭐예요?

Please complete page 8 in your workbook.
연습 문제집 8페이지를 풀어오는 거예요.

PART
3

영어를 완전히
일상으로
받아들여요

유치원 버스는 달리는 영어교실

—

We all have a few failures under our belt.

It's what makes us ready for the successes.

사는 동안 몇 번의 실패를 겪게 됩니다. 이것이 바로 우리를 성공으로 이끌게 됩니다.

– Randy K. Milholland –

교실 밖에서도 영어 말하기는 계속된다

아이들에게 소풍만큼 기대되고 신나는 날이 또 있을까? 저마다 웃음을 한가득 머금고 이야기하는 아이들이 너무 예쁘다. 덜컹덜컹 요란하게 움직이는 버스 소음에도 아랑곳하지 않고 아이들은 서로에게 이야기하느라 바빴다. 무슨 이야기를 하는지 창밖을 보며 끊임없이 환호를 질렀다. 궁금해진 나는 무슨 이야기를 하고 있는지 귀 기울여 들어보았다. 아이들은 창문 너머로 보이는 간판에 적인 영어를 읽어내며 누가 먼저 빨리 발견하고 읽어내는지 시합을 하고 있었다. 금세 뒷줄에 앉은 아이들도 참여했다. 아이들 모두가 간판을 읽어낼 때쯤 나는 게임 하나를 제안했다. 우리 반 모두가 다 같이 할 수 있는 게임이었다. 나는 아이들에게 설명 대신 게 임을 시작했다.

"I spy with my little eye something beginning with S!"

그러자 앞에서 누군가 소리쳤다. 'sign!' 그래서 내가 대답했다. '땡!' 이 번에는 옆에서 소리가 들린다. 'sun!' 또 내가 대답했다. '땡!' 그러자 내 뒤에서 'supermarket!' 나는 '딩동댕!'이라고 외쳤다. 정답을 말한 아이 가 게임을 이어갈 수 있게 방금 말했던 문장을 다시 천천히 알려줬다. 아 이는 문장을 듣더니 조금 생각하곤 'I spy with my little eye something beginning with W!'라고 친구들을 바라보며 말했다. 아이들은 저마다 답 을 말하기 위해 w로 시작하는 단어들을 생각하기 시작했다. 'water' '땡!' 'wall' '땡!' 'window' '땡!' 'wiper' '땡!' 'watermelon' '땡!' 'web' '땡!' 모두 정 답이 아니었다. 아이들은 이제 더 없다며 W로 시작하는 단어가 맞는지 물었다. 문제를 낸 아이는 씩 웃으면서 말했다. 정답은 'wind'라고 했다. 답을 들은 친구들은 격하게 항의를 시작했다. 눈에 보이는 것만 말할 수 있는 거라며 점점 목소리를 높여갔다.

아이들과 하는 이 게임은 밖에 보이는 풍경을 술래가 단어의 앞 글자를 이니셜로 말하고, 나머지 아이들이 그 단어를 맞추는 것이었다. 여러 가지 단어가 나올 수 있지만, 술래가 생각한 그 단어를 맞추지 않는 이상 게임은 계속된다. 그런데 술래가 눈에 보이지 않는 wind를 답으로 골랐으니 친구들이 항의는 당연했다. 술래가 웃으며 말했다. '나는 wind가 보여. 저기 나무를 봐봐. 나뭇잎이 흔들리잖아. 바람이 불어서 그런 거야. 눈에 보이니까 wind도 답이 맞아.' 아이들은 술래의 답을 듣고 서로의 의견을 펼치기 시작했다.

어떤 아이는 나뭇잎이 흔들리는 것을 보고 바람이 보인다고 말할 수 있느냐고 했다. 또 다른 아이는 바람에 나뭇잎이 흔들리는 것이 보이니 바람은 보이는 것이 맞다며 서로의 주장을 굽히지 않았다. 게임을 시작하기 전 나는 우리 반 전체가 같이 재미있게 단어를 맞추는 것을 상상했지만 결국 오늘도 아이들은 그들만의 토론 수업을 열고 있었다.

소풍 장소에 도착할 때까지 wind가 보인다, 보이지 않는다는 본인들의 의견을 굽히지 않았다. 이런 아이들을 보고 있던 나에겐 누가 맞고 틀리는지 중요하지 않았다. 그저 아이들끼리 토론을 하는 모습을 보며 생각이 들었다. 영어 수업은 교실에서만 하는 것이 아니다. 언제 어디서든 아이들이 있는 곳이 교실이 되는 것이다. 그래서 오늘도 아이들 스스로 영어 수업을 만들어 낸 것에 감사했다. 아이들이 큰 소리로 말하는 소리에 귀가 아픈 건 잠시만 참기로 했다.

싸움을 말하기 수업으로 바꾼 아이들

어느 평범한 아침이었다. 시계를 보니 아이들이 등원하는 버스가 도착할 시간이었다. 아이들을 만나기 위해 유치원 입구로 나갔다. 버스가 한 대 두 대 도착하면서 아이들이 쏟아져 들어왔다. 나는 '굿모닝' 아침 인사를 하며 한 명씩 교실로 들어가는 것을 도와주고 있었다. 그때 저기 멀리서부터 큰소리로 들어오는 두 아이가 있었다. 같은 버스를 타고 오는 우리 반 남자아이 두 명이었다. 얼굴은 상기되어 있었다. 씩씩거리면서 들어오는 것을 보니 버스에서 싸운 모양이었다. 나는 두 아이에게 인사를 했다. 아이들은 인사 대신 나에게 달려왔다. 나는 둘을 번갈아 보면서 무슨 일인지 물었다. 동시에 나에게 말을 하는 바람에 알아들을 수가 없었다. 우선 아이들을 진정시키기로 했다. 가방을 내려놓고 교무실로 오라고 이야기했다. 어쩔 수 없이 나에게 대답하고 돌아서면서도, 아이들은 여전히 씩씩거리고 있었다.

교무실에 온 두 친구는 억울한 표정을 짓고 있었다. 아이들이 싸운 이유는 이랬다. 둘이 평소에 잘 가지고 노는 로봇이 있었다. 변신하는 로봇이었는데, 하나씩 변신시킨 로봇을 모아 합체시켜 또 다른 로봇으로 만들 수 있는 로봇이었다. 로봇 다섯 개를 변형시켜 팔 두 개, 다리 두 개 그리고 몸통 하나를 만들어 거대한 합체 로봇으로 재탄생시키는 것이다. 즉 다섯 개의 작은 로봇이 다시 하나의 커다란 로봇이 되는 것인데, 이 다섯 로봇이 합체되는 부분을 서로 다르게 기억하고 있었다. 사자 로봇이 변신되는 부분을 한 친구는 오른팔, 다른 친구는 왼팔이라고 주장하는 것이었다. 서로 오른팔이 맞다 왼팔이 맞다 이야기하다가 결국 싸우게 된 것이다.

하아……. 설명을 들으면서 내가 듣고 있는 것이 맞나 하는 의심이 들었다. 이름도 어려운 로봇에 대한 복잡한 아이들의 설명이 잘 이해되지 않아 스무 번도 더 넘게 질문을 해야 했다. 단순히 아이들을 화해시켜주고 금방 교실로 돌려보내려던 내 예상이 완전히 빗나갔다.

시간이 지날수록 아이들은 서로에 대한 서운한 감정을 이야기하는 것보다, 로봇의 변신과 합체에 관한 설명으로 나를 이해시키는 데 초점을 맞추고 있었다. 방금 싸운 것은 잊었는지 둘이 의견을 주고받으며 나에게 이 로봇 변신에 대해 이해시키고 있었다. 아직도 나는 기억하지 못하는 어려운 로봇 이름을 말하며 둘은 진지했다. 안타깝게도 그 당시 아이들이 말하는 내용을 완벽하게 이해하기 위한 나의 배경지식은 터무니없이 부족했다. 둘이 번갈아 가며 열심히 설명을 이어갔지만 나는 끝끝내 완벽하게 이해를 못 했다. 하지만 덕분에 아이들은 나에게 로봇을 설명하면서 자연스럽게 화해할 수 있었다.

나는 아이들이 영어를 배우는 곳이 단지 교실 안이라고 생각하지 않는다. 아이들은 언제 어디서든 배울 준비가 되어 있기 때문이다. 늘 부딪힐 준비가 되어 있다. 따라서 중요한 것은 장소가 아니라 아이들의 상황을 어떻게 풀어가느냐다. 아이들 스스로 시작한 말하기는 책을 보고 백 번 연습하는 것보다 더 큰 효과가 있다. 소풍 가는 버스 안에서 아이들끼리 토론을 벌이게 된 것도, 또 로봇의 변신과 합체에 관해 나에게 열심히 설명한 것도 아이들에겐 큰 수업이 되었다. 같은 주제에 대해 끊임없이 생각하고, 듣고, 말하기를 반복하는 것만큼 좋은 공부법은 없다. 그래야 뇌가 아닌 몸에 각인되기 때문이다. 기억에 오래 남게 된다. 그러기 위해선 늘 준비가 되어야 한다. 아이들이 있는 곳을 어디든 영어교실로 바꿀 수 있는 준비 말이다. 설령 그곳이 버스 안이라도 당장 바꿀 준비가 되어 있어야 한다.

아이들이 싸우게 되면 가장 흔하게 벌어지는 일이 바로 친구를 밀치는 행동이다. 친구가 밀쳤다는 말은 어떻게 해야 할까?

Teacher, he pushed me!
선생님, 쟤가 밀쳤어요.

Are you okay?
Please call him here so I can speak to both of you.
괜찮아요? 그 친구를 불러주세요.
무슨 일인지 두 친구 모두와 이야기해야겠어요.

아이들의 수다는 멈추지 않는다

02

The only way to do great work is to love what you do.

위대한 일을 이뤄내는 방법은 단 하나뿐이다. 당신이 하는 일을 사랑하는 것이다.

– Steve Jobs –

매주 월요일 우리 반 아이들이 새로운 짝꿍을 만나는 이유

월요일은 누구에게나 힘든 요일이다. 일어나기조차 힘들다. 회사에 다니는 직장인은 물론이요, 학교에 가야 하는 아이들도 마찬가지다. 주말에 편안한 휴식을 취한 다음이라 더 그렇게 느껴지는 것 같다. 하지만 우리 반 아이들에게는 월요병이 없다. 월요일이란, 기대가 가득 찬 새로운 한 주의 시작일 뿐이다. 왜냐하면 아이들은 매주 월요일마다 새로운 짝꿍을 만나게 되기때문이다. 이번 주를 함께할 새로운 짝꿍이 누가 될지 아이들은 매번 기대를 품고 유치원에 온다. 특히 반에 좋아하는 친구가 생겼다면, 그 기대는 설렘까지 더해진다. 하지만 짝꿍을 바꾸는 것은 아이들에게 기대감만 주기 위해서도 월요병만을 없애주기 위함도 아니다. 내가 짝꿍을 매주 바꾸는 데는 여러 이유가 있다.

첫째, 반 친구들 모두 골고루 친해졌으면 하는 바람이었다.

먼저 짝꿍이 바뀌면 아이들은 새로운 친구와 친해질 기회가 생긴다. 아이들에 따라 친구에게 먼저 다가가지 못하는 경우가 있다. 모든 아이가 서로에게 먼저 다가가 주면 좋겠지만 아이들의 사회도 어른과 다르지 않다. 본인이 마음에 드는 아이, 편한 아이 위주로 말하고 놀이를 함께 한다. 그러다 보면 시간이 조금만 지나도 친한 아이들끼리 놀게 되는 상황이 온다. 하지만 매주 새로운 친구들과 짝꿍을 하게 되면 반 전체가 두루두루 친해지게 된다. 짝꿍이 되기 전에는 먼저 이름을 불러주거나 같이 놀자는 말을 하지 않았던 아이들이, 매주 짝꿍이 바뀌면서 서로의 이름을 스스럼없이 부르고 놀이도 같이하게 되었다.

둘째, 새로운 짝꿍과 함께 새로운 시너지를 만들어냈으면 하는 바람이었다.

우리 반에 리나라는 아이가 있었다. 평소에 리나가 경쟁자로 생각했던 엘리가 새 짝꿍으로 앉게 되었다. 원래 리나는 수업 시간에 무엇이든 친구들이 하는 것을 보며 천천히 하던 아이였다. 그런데 짝꿍이 바뀌고 나서 수업에 집중하는 태도가 달라졌다. 속도가 빨라지고 적극적으로 변했다. 나는 처음에 아이의 컨디션이 좋은 줄로만 알았다. 그러다 리나가 엘리를 경쟁자로 생각하고 있다는 것을 알게 되었다. 왜냐하면 엘리가 하나를 하면 리나도 하나 혹은 그 이상을 하겠다고 했기 때문이다. 한 주 동안 리나는 라이벌과 옆에 앉은 것만으로도 영어 실력을 올릴 수 있었다. 리나에게 긍정적인 경쟁심리가 작용했던 것이다.

셋째, 특정 친구하고만 앉고 싶어 하는 일이 해결되었으면 하는 바람이었다.

어디서든 마찬가지이겠지만 무리에서 늘 인기가 있는 아이가 있다. 그 아이는 대개 성격도 좋고 실력도 좋은 경우가 많다. 우리 반에도 그런 친구가 있었다. 남자 친구 여자 친구 가릴 것 없이 모두의 사랑을 독차지하던 아이였다. 이 아이는 뭐든 잘했다. 게다가 겸손했다. 친구들의 일을 본인의 일처럼 언제나 즐겁게 도왔다. 이러니 인기가 있을 수밖에 없었다. 많은 아이가 이 친구와 앉고 싶다고 울기도 했다. 그런데 매주 자리를 바꾸면서 이 상황이 해결되었다. 모든 아이가 한 번씩 이 친구와 짝을 할 수 있었기 때문이다.

넷째, 평범한 아이들의 하루에 조금이나마 변화를 주고 싶은 바람이었다.

아이들에게 주말의 그리움을 달래주고 싶었다. 평일에는 아이들도 유치원과 학원에 다니느라 바빠 엄마 아빠의 얼굴을 보기 힘들다. 그러다 주말이 되면 같이 늦잠도 자고 부모님과 즐거운 하루를 보내는데, 월요일이 되어 다시 일상으로 돌아오면 아이들의 마음이 무거울 수밖에 없다. 부모와 더 놀고 싶은 마음이 가득하다. 그런 아이들에게 월요일은 당연히 유치원에 가기 싫은 날이 된다. 그래서 새로운 친구와 자리를 앉게 되는 작은 변화라도 주고 싶었다. 유치원에 오는 길이 설레길 바랐다. 월요일 아침, 아이들이 집을 나설 때 유치원에 가기 싫다고 말했더라도 이번주는 누구와 앉게 될지 기대하는 부푼 마음을 가지고 유치원 문을 열길 소망했다.

다섯째, 수업의 균형을 맞추고 싶은 바람이었다.

반에는 수업을 잘 따라오는 아이와 그렇지 못하는 아이들이 있다. 그런데 신기한 것이 있다. 잘하는 아이가 계속 잘하고 못하는 아이가 계속 못하지 않는다는 것이다. 한 달 전만 해도 읽기가 서툴렀던 아이가 어느새 반에서 읽기를 가장 잘하는 아이로 변한다. 그 이유는 아이마다 영어가 느는 기간과 실력의 폭이 다르기 때문이다. 그래서 선생님으로서 수업을 잘 이끌어가려면 이 균형을 맞추어 주어야 한다. 한쪽에 잘하는 아이들이 몰려있지 않게 해야 한다. 어느 한쪽에 아이들이 몰리면 그곳에 속하지 않은 아이들이 상대적으로 박탈감을 느끼기 때문이다. 왜 나만 모를까 하는 생각을 하게 된다. 하지만 실력이 다른 아이들이 골고루 섞여 있으면, 눈치 껏 옆의 친구를 보면서 따라온다. 대답도 친구들을 따라서 크게 한다. 수업의 속도도 빨라진다. 그렇게 수업이 훨씬 자연스럽게 흘러가게 된다.

이것이 내가 짝꿍을 바꾸는 이유다. 뭐 짝꿍 하나 바꾸는데 이렇게 많이 생각하느냐고 생각하실 수 있겠지만 아이에게 짝꿍이 끼치는 영향은 상당하다. 좋아하는 사람과 앉으면 잘 보이고 싶은 마음에 평소보다 더 잘하게 되기 때문이다. 그 긍정적인 힘을 끌어내기 위해 나는 매주 짝꿍을 바꿔줬다.

교실을 꾸밀 때도 전략이 필요하다

유치원마다 다르겠지만, 내가 근무했던 유치원들은 선생님 재량에 따라 교실을 꾸밀 수 있었다. 학기가 시작되기 2월 말쯤에 보통 시작한다. 나는 항상 두 개씩 담임 반을 맡았다. 그래서 환경미화를 시작하게 되면 반 두 개를 동시에 꾸미느라 정신이 없었다. 게다가 두 반의 연차가 항상 달라 교실을 꾸미기 전 같은 반을 담임하는 원어민 선생님과 많은 이야기를 나눴다. 그중에서도 1년 차 이상의 반을 꾸밀 때는 더 큰 노력을 기울였다. 이유는 아이들을 위해 수업 시간에도 도움이 되는 다양한 정보를 넣고 싶었기 때문이다. 7세 반의 교실을 꾸밀 때였다. 같은 반 담임 원어민 선생님과 많은 상의 끝에 문장을 만들 수 있는 벽을 꾸며보자는 의견이 나왔다. 아이들이 문장을 자유자재로 만들기 시작하는 단계였기 때문에 아이들이 늘 쓰는 단어로만 문장을 만들지 않도록 하고 싶었다. 같은 문장에 단어 몇 개만 바꾸어도 전혀 다른 문장이 되는 것을 알려주고 싶었다. 이 의견은 바로 수렴되었다.

일 년 동안 배우게 될 교재에서 단어들을 선택하기 시작했다. 선택한 단어들을 품사별로 나눴다. 그런 후 단어들을 색지에 인쇄했다. 명사는 빨간색, 동사는 주황색 이런 식으로 인쇄한 단어들을 벽에 붙였다. 단어들이 색깔별로 되어 있어 문장을 만들면 문장이 만들어진 순서가 색깔로 보였다. 그래서 자연스럽게 문장이 완성하는 단어들의 품사 위치를 알 수 있게 되었다.

아이들이 오가며 문장 만들기를 하며 놀기 시작했다. 처음에는 이미 알고 있는 문장을 정확하게 만들며 놀았다. 그러다 누가 더 재미있고 새로운 문장을 만들어 내는지 시합하기 시작했다. 누군가 우스꽝스러운 문장을 만들면 한참을 깔깔대며 웃기도 했다. 그런 아이들이 점점 문장 만들기에 재미를 붙이기 시작했다. 한 달이 지나자 아이들은 새로운 문장을 만들 단어가 부족하다며 나에게 단어 목록을 주면서 새로 만들어 달라고 부탁까지 하게 되었다. 나는 그런 아이들이 고맙고 기특해 새로운 단어를 바로 만들어 붙여주었다. 이 놀이를 통해 아이들은 문장 만들기에 대한 두려움이 없어졌고, 많은 연습으로 정확한 문장을 만드는 능력이 크게 높아졌다.

어떻게 보면, 아이들의 말문을 여는 것이 말문을 닫기보다 쉽다. 아이들이 적절한 환경 안에 있다면 말이다. 그래서 아이들에게 어떤 다른 환경을 만들어 줄까 꾸준히 고민해야 한다. 사실 아이들에게 적절한 환경을 만들어 주는 것은 생각보다 어렵지 않다. 생활하다 떠오르는 작은 아이디어를 실천만 하면 된다. 그것이 짝꿍을 바꾸는 것과 같이 누구나 생각할 수 있는 일이어도 좋다. 교실꾸미기로 시작했지만, 아이들이 놀이로 하게 된 문장 만들기 같은 것도 좋다고 생각한다. 어떤 아이디어도 상관없다. 그저 꾸준히 다른 환경을 만들어주려는 마음이 필요한 것이다. 또 그 마음을 실행하려는 실행력이 가장 중요하다. 그러면 새로운 환경으로 인해 아이들의 영어 말하기는 자연스럽게 밖으로 나오게 된다.

문장 만들기에 푹 빠져 지내던 시기에 아이들이 자주 했던 질문이다. 품사의 이름은 계속 잊어도, 늘 멋진 문장을 만들어 내곤 했다.

Teacher, what part of speech is Island?

선생님, Island는 품사가 뭐예요?

Island is a noun.

Island는 명사예요.

놀이는 아이들을 영어 천재로 만든다

—

If you want to see what children can do,

you must stop giving them things.

아이들이 무엇을 할 수 있는지 확인해보고 싶다면,

아이들에게 뭔가를 주지 말아야 합니다.

– Norman Douglas –

아이들의 놀이는 상상력에서 탄생한다

점심을 먹고 나면 아이들은 삼삼오오 모여 놀이방으로 향한다. 그리고 점심시간이 끝날 때까지 친구들과 다양한 놀이를 한다. 놀이방에는 거의 모든 놀이를 할 수 있을 정도로 다양한 종류의 장난감이 있다. 여기에서 아이들은 의사가 되기도, 요리사가 되기도 한다. 갑자기 백악기 시대로 떨어져 티라노사우루스와 싸운다. 그런가 하면 순식간에 세계 2차 대전에 군인으로 참전하기도 한다. 작은 놀이방이지만 아이들의 상상력으로 공간이 바뀐다. 놀이의 종류가 바뀐다. 놀이방 밖에서 아이들을 보고 있자면 마치 영화 한 편을 보는 것 같은 착각이 들기도 한다.

이날도 아이들은 즐겁게 놀이하고 있었다. 처음에는 아이들이 평범한 엄마 아빠 놀이를 하는 줄 알았다. 그런데 놀이를 잠깐 지켜보니 뭔가 이상했다. 엄마 아빠는 사람인데 딸은 카멜레온이었다. 놀이의 상황은 이랬다. 엄마와 아빠는 생일을 맞이한 카멜레온 딸을 위해 쇼핑을 하러 나왔다. 딸의 피부색에 맞추어 어울리는 드레스를 고르고 있었다. 그런데 카멜레온 딸이 피부색을 계속 바꿔서 드레스를 고르고 있지 못하고 있었다.

나는 놀이를 보고 너무 놀랐다. 왜냐면 얼마 전 아이들과 파충류에 관한 공부를 했기 때문이다. 파충류 중 카멜레온 같은 종류는 환경에 따라 피부색이 바뀐다는 것을 배웠다. 아이들은 그런 카멜레온이 예쁘고, 신기하다고 했다. 그리고 왜 사람은 피부색을 바꿀 수 없는지 쉼 없이 질문을 했었다. 우리는 책에 없는 더 많은 내용을 알기 위해 BBC 다큐멘터리를 찾아 함께 보았다. 파충류에 관한 책을 많이 읽은 아이들이 친구들의 질문에 답하기도 하였다.

그랬던 이 카멜레온이 아이들 놀이에 나타난 것이다. 누가 시작했는지 모르겠지만 아이들의 상상력은 참 기발했다. 평범한 놀이시간을 특별하게 바꿨다. 매일 하는 놀이에 상상력을 더해 재미있는 놀이로 만든 것이다. 게다가 놀이 안에 수업 시간에 배운 내용을 넣기까지 했다. 놀이하던 아이들은 모두 쇼핑의 달인이었다. 점원과 마주 보고 옷에 관한 질문을 시작했다. 크기, 질감, 색, 가격 무엇 하나 빠트리지 않았다. 어디서 들었는지 1+1 행사하는 곳은 어디냐고 물었다. 피부색에 따라 색이 바뀌는 드레스를 찾고 있다고 하니, 점원 역을 맡은 아이가 능숙하게 옷을 하나 꺼내왔다. 그러나 아이의 손엔 『벌거벗은 임금님』의 옷처럼 아무것도 들려 있지 않았다. 하지만 아이는 보이지 않는 이 옷에 관해 설명을 시작했다. 옷에 버튼이 있어서 이것만 누르면 색이 변한다고 했다. 점원의 설명을 듣고 보이지 않는 그 옷을 카멜레온 딸이 입어봤다. 마음에 들어 하는 딸을 위해 엄마 아빠는 그 옷을 사주는 것으로 놀이는 끝났다.

아이들을 보면 그들의 상상력에 감탄할 수밖에 없다. 그리고 그 안에서 사용하는 아이들의 말에 놀라게된다. 놀이 중 하고 싶은 말이 영어로 기억이 나지 않으면, 다른 친구들이 그 영어 표현을 기꺼이 가르쳐준다. 이럴 땐 이렇게 말하는 거라면서 놀이 중간에 아이들은 서로 가르쳐주고 배우는 것을 멈추지 않는다. 놀이하면서도 끊임없이 배우는 아이들에게 영어 말하기에 대한 한계는 없는 것이다.

아이들은 센스 넘치는 스피드 퀴즈의 달인

종종 우리 반은 스피드 카드 퀴즈를 한다. 아이들이 얼마나 수업을 이해했는지 알기 위해 재미있는 복습 방법을 고민하다 만들게 되었다. 스피드 카드는 A4용지의 1/4 크긴데, 여기에 내가 복습으로 다시 짚고 넘어가고 싶은 단어를 넣었다. 이 게임은 두 명이 한 팀이 되어, 한 명이 카드를 보고 단어를 설명하면 나머지 한 명은 단어를 맞춘다. 아이들이 카드

안의 모든 단어를 다 맞춰야 하는 시간은 30초. 만약 모든 팀이 다섯 개를 다 못 맞춘다면, 그 시간 안에 가장 많이 맞춘 팀이 이기게 된다. 아이들은 항상 게임이 시작되기 전 서로 자신들의 팀이 이긴다며 목소리를 높인다. 하지만 게임이 시작되면 아이들은 말 그대로 얼음이 돼 버린다. 입 밖으로 한 문장도 제대로 말하지 못할 때도 있어, 게임이 끝나는 데 그리 오랜 시간이 걸리지 않는다.

원래 무엇이든 처음이 어렵다. 그래서 나는 아이들에게 단어를 설명하는 방법을 보여주었다. 아이들이 가지고 있던 카드로 하나하나 설명하는 과정을 보여줬다. 그리고 단어를 설명할 때는 앞에 있는 친구를 보며 천천히 말해야 한다고 알려주었다. 게임이 시작되면 어렵게 생각하지 말고 바로 떠오르는 내용을 설명하면 된다고 말했다. 그리고 다음 날 다시 스피드 카드 게임을 했다. 아이들은 수업이 시작되기 전부터 이미 연습을 하는 열의를 보였다. 놀랍게도 아이들은 단어를 설명하기 위해 전날보다 다양한 시도를 했다. 순서대로 하지 않고, 쉬운 단어부터 거꾸로 설명하는 아이도 생겼다. 그중 미미라는 아이가 설명했던 단어들이 아직도 기억난다. 게임이 시작되자 아이는 카드에 적힌 다섯 단어를 모두 설명하기에 시간이 부족하다고 생각했던 것 같다. 잠깐 고민을 하더니 두 단어를 골라 설명하기 시작했다. 그 단어들은 라임과 도마뱀이었다. 만약 내가 이 단어들을 설명해야 한다면, 나는 이렇게 설명할 것 같다.

"이것은 과일이에요. 크기는 작고 초록색이에요. 맛은 레몬처럼 시어요. 무엇일까요?"

"이것은 동물이에요. 크기는 작은 것부터 큰 것까지 다양해요. 파충류의 한 종류예요. 네발로 기어 다녀요. 이것은 자기보다 센 상대를 만나면 꼬리를 자르고 도망가기도 해요. 저는 이것을 무서워해요. 무엇일까요?"

이처럼 내가 알고 있는 최대한 많은 정보를 담아 설명하려고 할 것 같다. 하지만 미미의 설명은 아주 간결하고 정확했다. 설명을 들은 아이는 빠르게 답을 말했다.

"레몬 친구가 누구지?"
"라임!"
"뱀인데 뱀이 아니야. 뭐지?"
"도마뱀!"

읽기 수업 시간에 책을 읽다가 라임이라는 단어가 나왔다. 한 아이가 손을 들어 라임이 무엇이냐고 질문했다. 라임은 과일이고 초록색이고 작으며 맛은 시다고 알려줬다. 그리고 라임 그림을 찾아 여러 개 보여주면서 이야기했다. '음, 라임에 대해 조금 더 쉽게 이야기해보자면, 라임은 레몬과 친구 사이 같은 거예요. 종류가 비슷하고, 맛이 시거든요.' 아이들은 이 말을 기억했다. 이것을 기억해서 설명한 아이나, 그 설명을 듣고 답을 이야기한 아이도 센스가 넘쳐흘렀다.

　아이들이 영어를 습득하는 방법 중 가장 최고의 방법은 경험이다. 실제로 그 말을 사용하는 상황을 경험하게 되면 그 기억은 오래간다. 만약 경험할 수 없는 환경이라도 방법은 있다. 아이들과 함께 하는 놀이로 대체하면 된다. 놀이를 통해 아이들은 그 상황에서 사용하는 말과 표현을 연습하기 때문이다. 게다가 앞서 보았듯이, 아이들의 놀이는 한 가지만 쭉 이어지지 않는다. 하나의 놀이 안에 수많은 놀이가 들어 있다. 그러니 놀이 한 번으로도 수많은 경험을 할 수 있게 되는 것이다. 같은 시간을 투자한다고 한다면, 책으로 복습하는 것보다 아이들끼리의 놀이가 시간 대비 더 투자 가치가 있는 것이다. 훨씬 많은 내용을 즐겁게 반복할 수 있기 때문이다. 놀이는 아이들에게 영어를 꾸준히 사용하게 하는 최고의 복습 방법이다.

선생님은 아이들이 누가 누구와 노는지 늘 확인한다. 두루두루 친하게
지내는지, 혹은 문제가 있는지 알아보는 것이다. 그래서 쉬는 시간이 끝
나면 아이들은 이 질문을 종종 받는다.

Who did you play with today at break time?
쉬는 시간에 누구와 놀았어요?

I played with my friends from the other class.
다른 반 친구와 놀았어요.

아이는 친구를 통해 영어를 배운다

—

He who learns but does not think, is lost.

He who thinks but does not learn is in great danger.

배우기만 하고 생각하지 않으면 얻는 것이 없고, 생각만 하고 배우지 않으면 위태롭다.

– Confucius –

매일매일 친구만 따라 하는 따라쟁이

쉬는 시간 우리 반 아이들은 말을 엄청 많이 한다. 수업 시간 동안 어떻게 참고 있었는지 의아할 정도로 쉬지 않고 이야기한다. 그런 아이들의 이야기를 가만히 들어보면 웃음이 절로 난다. 세상에 피노키오도 이런 피노키오들이 없다. 딱히 거짓말을 해야겠다고 시작한 것은 아니겠지만, 친구에게 지지 않고 싶은 마음 때문인지 이야기는 점점 부풀려진다.

"너는 주말에 뭐 했어? 나는 책을 5권 읽었어."

"그래? 나도 주말에 책 읽었는데, 나는 10권 읽었어."

"나는 책 20권 읽었어."

"야! 나는 집에 있는 책 다 읽었어."

급기야 아이들은 목소리가 커지기 시작한다. 처음 이 이야기를 꺼낸 아이는 급히 다른 주제를 꺼낸다. 본인이 또 무엇을 했는지 친구들에게 뽐내기 위해서다. 그러나 아이들은 서로의 거짓말을 눈치 채지 못한다. 이 순간만큼은 상대방의 말을 거의 듣지 않기 때문이다. 오로지 본인이 친구보다 얼마큼 더 했다고 말하는 것에만 집중한다. 나는 아이들이 이러다 싸우는 것이 아닐까 걱정하지만, 정작 본인들은 개의치 않는다. 아이들은 작은 것도 친구들이 하는 것은 그대로 다 하고 싶어 하며, 늘 친구보다 더 많이 했다고 자랑하고 싶어한다.

칭찬 스티커 보드가 있다. 아마 5세~7세 사이의 아이를 둔 가정에서도 한 개쯤은 붙어 있을 것이다. 이맘때쯤 아이들에게 칭찬 스티커는 세상 그 무엇보다 가장 큰 힘을 가지고 있다. 유치원도 예외는 아니다. 그래서 교실 벽에는 아이들의 칭찬 스티커 보드가 줄지어 붙어 있다. 우리 반은 이 칭찬 스티커를 붙이는 스티커 보드의 배경을 아이들이 직접 고른다.

그래서 아이들이 스티커 보드에 스티커를 다 붙여갈 때쯤, 새로운 스티커 보드의 배경을 정하기 위해 아이들의 의견을 묻는다. 보통 아이들은 평소에 즐겨 보는 애니메이션의 주인공을 가장 많이 선택한다. 이날도 스티커를 다 붙여가는 여자아이가 있어 교실 앞에 있는 컴퓨터에서 같이 원하는 배경을 찾으며 고르고 있었다. 그러자 반 아이들이 모두 다가와 우리를 지켜봤다. 이 친구가 어떤 배경을 고르는지 궁금했던 것 같다. 아이는 무지개 색깔의 뿔이 달린 유니콘 그림을 배경으로 선택했다. 우리 반에선 처음 선택된 배경 그림이었다. 이때부터였다. 우리 반 벽은 다양한 유니콘들이 자리 잡기 시작했다.

평소 아이들이 보는 애니메이션을 잘 몰라서 이 캐릭터가 나오는 애니메이션이 이렇게 유명한지 몰랐다. 그런 나를 위해 아이들은 친절하게 매일 조금씩 설명해주었다. 차츰 이 애니메이션을 보지 않았던 친구들도 한 명씩 보기 시작했다. 그리곤 매일 나에게 본인이 본 에피소드의 내용을 설명하며 쉬는 시간마다 내 옆을 꽉 잡고 놓지 않았다.

나는 이 애니메이션을 보지 않았지만, 내용을 다 외울 정도가 되었다. 그런데 정작 이 유니콘을 우리 반에 알린 아이는 여기에 관심이 없었다. 친구들이 하나씩 따라서 스티커 보드의 배경을 바꾸자 아이는 금세 유니콘에 대한 관심을 내려놓았다. 지금 생각해보면 이 아이가 유행을 만들고 이끌어갔던 것 같다. 우리 반이 유니콘으로 도배가 될 때쯤 이 친구는 또 다른 새로운 그림을 선택했다. 이번에 선택한 그림은 아주 귀여운 햄스터 사진이었다. 이날 이후 우리 반 교실 벽은 유니콘 대신 작은 귀여운 동물이 나타나기 시작했다.

뭐든지 베끼고 또 베끼는 아이들

아이들이 친구를 따라 했던 일 중 가장 기억에 남는 일은 미니 북을 만들었던 일이다. 수업하고 난 후 복습을 위해 미니 북을 만들었다. 새로운 단어를 많이 배우는 기간이어서 아이들이 스스로 단어를 정리해보는 것도 좋을 것 같았다. A4 종이를 여덟 개의 면으로 나누어 접어, 종이의 중간을 가위로 자르고 선을 따라 접어 미니 북을 만들었다. 겉면에는 반 이름과 아이들의 이름을 적었다. 그리고 안에는 아이들이 배운 단어를 적었다. 한 글자씩 정확하게 적을 수 있게 자를 이용해 선까지 그었다. 이틀에 걸쳐 미니 북을 완성하고 난 후 아이들은 시간이 나면 미니 북을 만들며 놀기 시작했다. 그림을 그리고 스티커를 붙이면서 아이들만의 독특한 미니 북을 만들었다.

어느새 우리 반은 미니 북 열풍이 불었다. 처음 미니 북에 가장 많이 관심을 보였던 아이는 반에서 영어를 가장 잘하는 아이였다. 평소 아이들은 이 아이가 하는 것을 가장 많이 따라 했다. 그런 친구가 미니 북을 만들고 있었으니, 아이들도 미니 북 만들기를 자연스럽게 따라 하기 시작했다. 처음에는 그림을 예쁘게 그려서 완성했다. 그러다가 단어를 써보기도 하고, 그림과 글씨를 같이 쓰기도 했다. 그런 아이들의 미니 북이 궁금해서 기웃거리고 있었는데, 한 아이가 나에게 미니 북 만드는 것을 못 보게 했다. 철저히 비밀로 하고 열심히 뭔가를 쓰고 있었다. 미니 북이 완성되자 아이는 나에게 선물이라며 수줍게 내밀었다. 미니 북을 펼쳐보니, 그 안에는 아이가 적은 여러 메시지가 있었다. '선생님 사랑해요, 어제는 뭐 했어요? 선생님은 어떤 책이 제일 좋아요?'와 같은 말들이 장마다 적혀 있었다. 감동이었다. 장마다 문장을 쓰기 위해 수없이 썼다 지운 흔적들이 아이의 정성을 보여주고 있었다. 나는 아이에게 정말 고맙다고 말하며, 곧 답장을 주겠노라고 말했다. 그리고 집에 와서 아이에게 줄 미니 북을 만들었다. 아이가 했던 질문에 대한 답을 장별로 정성스럽게 적어서 주었다.

이날 이후 우리 반에서는 미니 북 편지가 유행하기 시작했다. 저마다 선생님에게 주겠다며 미니 북 편지를 만들기 위해 열정을 쏟았다. 그런데 아이들은 편지를 쓰면서 생각하지 못한 벽에 부딪혔다. 스펠링 문제였다. 말할 때와는 달리 글로 쓰니 문장이 잘 써지질 않았다. 점점 서로의 것을 보고 따라 쓰기 시작했다. 열심히 미니 북을 만들고 있는 친구의 글을 슬쩍슬쩍 보며 처음에는 단어만 보고 적다 점점 문장을 모두 보고 쓰기 시작했다. 어떤 아이는 친구를 옆에 앉혀놓고 문장 쓰기 속성 과외를 받기도 했다. 그것도 여의치 않으면 나에게 도움을 요청하기도 하였다. 쉬는 시간인지 수업 시간이 구분되지 않는 열정이었다. 아이들은 거의 한 달 동안 미니 북 만들기에 열중했다. 그 중간중간 나도 열심히 미니 북을 만들어 아이들에게 답장했다. 한 달이 지난 후 아이들은 자연스럽게 많은 단어를 알게 되었다. 또 선생님들에게 여러 표현을 물어보면서 아이들의 수준에 맞지 않는 어려운 문장을 외우는 일도 생겼다. 친구를 보며 미니 북 만들기를 따라 하다 보니 영어 실력이 올라가고 있었다.

아이들은 친구들을 따라 하는 특별한 능력을 갖추고 있다. 일명 '카피캣' (copy cat) 능력이다. 그래서 수업을 하다 보면, 아이들이 아이들로부터 영어를 배운다는 말을 크게 실감하게 된다. 특히 아이들의 대화를 듣고 있으면 알 수 있다. 평소에 사용하지 않는 단어와 문장들을 사용할 때가 있다면 그것은 친구가 사용했던 말을 그대로 따라 한 확률이 높다. 특히 본인이 말하고 싶어 하는 상황이 있는데, 어떻게 말해야 할지 모를 때가 있는 경우엔 다른 친구가 그 말을 사용할 때를 놓치지 않고 그 말을 카피한다. 모든 몸의 감각을 곤두세우고 그 말을 습득하려 애쓴다. 이러한 과정을 반복하면서 아이들 스스로 사용할 수 있는 말을 늘려간다. 친구들과 함께 놀면서 영어를 배우게 되는 것이다.

아이들은 늘 친구들과 함께하고 공유하고 싶어 한다. 맛있는 것을 먹게 되면 친구들과 함께 먹고 싶어 유치원에 가지고 오기도 한다. 집에서 들고 온 간식을 꺼내기 전 선생님에게 이렇게 여쭤보자.

Teacher, I brought some snacks.
Can I please share with my classmates
at break time?
선생님 제가 간식을 싸왔는데요,
쉬는 시간에 친구들과 나눠 먹어도 될까요?

Yes, sure.
그럼요.

05 우리는 도서관에 매일 연극을 하러 간다

—

A dream you dream alone is only a dream.

A dream you dream together is reality.

혼자서 꾸는 꿈은 꿈으로 그칠 뿐이지만 함께 꾸는 꿈은 현실이 됩니다.

– John Lennon –

오늘은 도서관에서 신나게 떠들어보자!

"레디, 액션!"

"으하하, 너무 웃겨서 못하겠어요."

조용히 책을 읽어야 하는 도서관에 깔깔 웃는 소리가 끊이질 않는다. 유치원의 모든 반이 졸업하고 유일하게 남아 수업을 하는 우리 반 아이들 소리다. 2월 마지막 주, 졸업식과 입학식 사이의 일주일 동안 우리는 처음으로 유치원의 모든 시설을 사용하면서 수업하는 호사를 누리게 되었다. 유치원에 등원한 후 신발을 갈아 신기 위해 줄을 서지 않아도 되고, 쉬는 시간 아무리 크게 떠들어도 괜찮았다. 또 점심시간에는 이동하지 않고 교실에서 우리끼리 밥을 먹기도 했다. 점심을 먹고 온 교실을 누비며 놀기도 하였다. 당연히 도서관에서 조금 떠들고 노는 것도 이해해주었다.

이때가 기회다. 나는 우리 반 아이들과 재미있는 수업을 하고 싶었다. 혹시 있을 상황을 대비해 진도도 미리 마쳐놓았다. 그래서 약간의 시간과 여유가 있었다. 여유가 생기다 보니 자연스럽게 다른 생각이 났다. 7세 반으로 올라가기 전 아이들과 색다른 활동을 해보고 싶었다. 어떤 재미있는 수업으로 추억을 만들어 볼까 하다가 영어 말하기 대회가 생각났다. 7세가 되기 전 마지막 영어 말하기 대회를 즐겁고 재미있게 진행해보고 싶었다.

장소는 아이들이 제일 좋아하는 도서관으로 결정했다. 장소를 결정하자마자 도서관으로 향해 카메라의 위치 부터 잡았다. 아이들의 발표하는 모습을 아이들의 부모님들께도 보여주고 싶었기 때문이다. 집에서 부모님이 아이들과 함께 보면서 추억을 공유하길 바랐다.

내가 생각한 구도는 발표자가 편안하게 친구들을 바라보며 서 있고, 친구들은 최대한 편한 자세로 앉아 있는 것이었다. 이리저리 의자와 카메라를 옮겨보다 마음에 드는 구도를 찾았다. 아이들이 더 신나게 발표할 마음이 들 수 있게끔 색색의 풍선을 골라 장식도 했다. 준비를 마치고 아이들을 도서관으로 불렀다. 아이들은 '우와' 탄성을 내며 도서관으로 들어왔다. 모두가 자리에 앉자마자 나는 아이들 앞으로 의문의 모자를 들고 왔다. 그 안에는 아이들의 이름이 적혀 있었다. 손을 넣어 이름 하나를 뽑았다. 그렇게 첫 번째 발표자가 정해졌다.

나는 발표를 시작하기 전, 아이들에게 몇 가지 규칙을 지켜달라고 이야기했다. 이 규칙은 대강당에서 모든 반과 함께 말하기 발표를 하던 날에도 늘 강조했던 것이었다.

첫째, 발표자는 발표 전 앉아 있는 친구들에게 인사를 할 것.
둘째, 발표자가 인사를 하면 큰 박수로 맞이해줄 것.
셋째, 발표자는 발표 전 정면에 있는 나(선생님)를 바라볼 것.
넷째, 즐거운 마음으로 천천히 발표할 것.
다섯째, 실수해도 괜찮으니 연습한 대로 끝까지 발표를 마칠 것.

아이들도 무대에 올라가면 없던 긴장을 한다. 연습 때는 차분히 말도 잘하던 아이가 무대 위에서 얼음이 된다. 또 긴장 탓에 말을 빨리하거나 내용을 건너뛰기도 한다. 그래서 나는 무대에 올라가면 발표 전 정면에 있는 나를 보라고 이야기해준다. 아이들이 무대 위에서 나를 보면 나는 아이들을 향해 크게 웃음 지어 보인다. 긴장을 풀어주기 위해서다. 그리고 눈을 크게 뜨고 아이를 바라본다. 할 수 있다는 응원을 눈빛으로 건네는 것이다. 발표 중 말이 빨라지면 나는 양손을 들어 위아래로 천천히 올렸다 내린다. 말을 더 천천히 하자는 수신호다. 또 양손을 입에서부터 확성기 모양으로 밖으로 크게 벌리면 소리를 조금 더 키워달라는 뜻이다. 아이들은 이런 나를 보면서 무대 위에서 발표를 멋지게 해낸다.

도서관에선 늘 재미있는 일만 벌어진다

드디어 도서관에서 첫 발표자가 발표를 시작했다. 처음으로 발표를 하게 되어서 그랬는지 너무 긴장하였다. 말하기의 속도나 목소리 크기는 좋았는데 얼굴이 너무 굳어 있었다. 나는 아이를 향해 큰 웃음을 지어 보였지만 굳어 있는 아이의 얼굴은 풀리지 않았다. 그래서 재미있는 표정을 만들어 보여주다가 원숭이 흉내를 내게 되었다. 아이는 나를 보자마자 풉! 웃음이 터졌다. 그리고 긴장도 풀리게 되어 즐겁게 발표를 마칠 수 있었다. 이 모습을 본 우리 반 최고의 흉내쟁이 로빈이, 다음 친구를 위해 본인이 원숭이 얼굴을 만들겠다고 했다. 맡겨만 주면 누구든 웃길 수 있다고 했다. 두 번째 발표 주자가 앞에 섰다. 발표를 시작하기도 전에 로빈은 이미 원숭이 얼굴을 만들고 앞에서 춤을 추기 시작했다. 발표하는 아이는 로빈의 모습을 보고 웃기 시작했다. 발표자는 로빈 덕분에 웃으며 발표를 마쳤다. 이번에는 로빈의 발표 차례가 되었다. 그러자 어느새 다른 친구가 로빈을 위해 앞에 섰다. 어쩐지 발표하는 아이보다 발표자를 웃겨주는 아이들이 더 열심이었다.

누군가 우리를 봤다면 발표가 아니라 노는 시간이었다고 할 수도 있었다. 발표하는 아이도 발표를 지켜보는 아이 모두 순간을 즐겼다. 이런 아이들을 보며 영어를 다루는 데 진지할 필요는 없다고 생각했다. 그저 아이들에게 또 하나의 행복한 추억을 만들 수 있다면 좋다고 생각했다. 아이들이 이 도서관을 좋아하게 된 이유도 이와 같았기 때문이다.

언제부턴가 원어민 선생님이 아이들과 함께 점심시간 후 도서관에 가기 시작했다. 선생님이 책을 하나 꺼내어 도서관 중앙에 가서 앉자 아이들이 선생님 주변으로 몰려들었다. 선생님은 책을 펼쳐 읽다가 대사가 나오면 목소리를 바꿔 재미있게 읽었다. 다양한 소리를 내서 책을 읽어주니 시간이 지날수록 더 많은 아이가 그 책을 보기 위해 주위에 앉았다. 그런 아이들을 보며 선생님은 구연동화 하듯 더 생생한 목소리로 책을 읽어주었다. 한 권을 다 읽고 나면 같은 책을 다시 읽어 주었다. 몇 번을 반복했을까? 선생님이 책을 읽고 있으면 아이들이 그다음 대사를 먼저 말하기 시작했다. 누가 책을 읽어주는지 모를 정도로 너도나도 소리 내 읽기 시작했다. 아니 외우기 시작했다. 그러다 아이들은 다른 책을 가져와 선생님이 했던 것처럼 목소리도 바꾸고, 몸짓도 하면서 읽기 시작했다. 점심을 먹은 후 도서관에 모인 아이들은 저마다 책을 대본 삼아 연극 하듯 즐겁게 놀고 있었다.

도서관 안에 있다고, 아이에게 조용히 앉아서 책만 읽으라고 주의를 줄 필요가 있을까? 나는 다른 사람이 방해받지 않을 정도의 작은 소리는 괜찮다고 생각한다. 너무 주위 사람을 의식하여 아이에게 조용히 하라고 말하지 않았으면 한다. 아이들에게 도서관은 모름지기 재미있어야 하기 때문이다. 그 공간에 계속 있고 싶을 만큼 재미있는 요소가 곳곳에 있어야 한다. 즐거운 기억이 있어야 한다. 그래야 아이들도 더 많이 가고 싶어 하고 더 오래 머물고 싶어 한다. 이것이 시작이다. 그런 후 많이 보여주고 체험하게 한다면 자연히 관심이 책으로 이동하게 된다. 한 권을 읽더라도 혹은 한 권을 다 읽지 못하더라도 괜찮다. 아이들에게 도서관을 책과 함께 놀 수 있는 놀이터로 만들어주는 것이 먼저다.

아이들이 매주 가장 행복하게 기다리는 체육 시간은 언제인지 어떻게 질문할 수 있을까? 언제라고 답해주는 선생님의 말씀을 이해할 수 있도록, 숫자도 영어로 말하고 듣는 연습을 해보자.

Teacher, what time are we going to gym class?
선생님, 체육 시간은 언제예요?

Gym class starts at 10:30.
체육 시간은 10시 30분에 시작해요.

06 내 아이만의 영어 시스템을 만들어라

—

Always, always trust your first gut instincts.

If you feel something's wrong, it usually is.

항상, 언제든지 처음에 떠오른 직감을 믿으세요.

만약 무언가가 잘못되었다고 느낀다면 보통 그 생각이 맞거든요.

– Will Smith –

다시 시작하는 파닉스

영어유치원 1년 차에 입학하게 되면 파닉스를 배운다. 그런데 요즘엔 아이들에게 파닉스를 가르치지 말라는 목소리가 높다. 하지만 영어유치원처럼 영어를 쓸 수 있는 환경이 계속되는 곳이라면 파닉스를 빨리 배우는 것이 좋다. 아이들 스스로 책을 읽을 수 있게 되기 때문이다. 책을 많이 읽는 아이들은 영어 실력이 탄탄해진다. 책을 통해 많은 배경지식을 얻기 때문이다. 인문, 과학, 사회 등 다양한 영역의 지식을 얻을 수 있다. 높은 이해도를 바탕으로 진정한 영어 실력을 쌓을 수 있게 된다. 더불어 읽을 수 있는 책이 많아지면, 아이들의 자신감도 올라간다. 하지만 유치부 아이들이 파닉스를 제대로 배우기란 말처럼 쉽지만은 않다.

　보통 영어유치원에선 드문 일인데, 한번은 학기중에 6세 반 담임을 새로 맡게 되었다. 당시 그 반의 아이들은 파닉스 책 3권 중반까지 마친 상태였다. 1권부터 5권으로 이루어진 책의 3권 중반이었으니, 반 이상을 배웠던 것이다. 아이들이 배우고 있던 파닉스 책은 『스마트 파닉스』 시리즈였다. 이 책은 3권과 4권의 레벨이 다른 것보다 월등히 높아서 아이들을 확실히 가르치기 위해선, 1, 2, 5권보다 시간을 많이 할애해야 한다. 예를 들어 총 1년 동안 이 책의 전 레벨을 배운다고 가정한다면, 두 달 반씩 한 권을 끝낼 수 있게 기간을 잡으면 안 된다. 1권은 알파벳을 배우는 레벨이기 때문에 조금 빠르게, 2권은 처음 파닉스를 배우게 되는 레벨이니 1권보다는 기간은 조금 더 잡아야 한다. 또 3권은 2권과 같은 기간으로 잡거나 조금 더 길게 잡는다. 그리고 4권에 들어가면 가장 많은 시간을 할애한다. 이유는 아이들이 4권을 가장 어렵게 느끼기 때문이다. 사실 많은 내용을 배운다는 관점에서 보면 5권의 내용이 가장 많지만, 4권을 제대로 학습한 아이들은 5권도 쉽게 배운다.

　수업 전 아이들이 현재 배우고 있는 부분과 남을 기간을 계산해봤더니 진도가 조금 밀려 있었다. 하지만 수업을 시작해보니 문제는 조금 밀려있는 진도가 아니었다. 아이들의 학습 상태였다. 아이들은 현재 배우는 내용뿐 아니라 이전에 배운 내용도 이해를 못 하고 있었다. 반 아이들 절반 이상이 제대로 따라오고 있지 못했다. 첫 주 수업을 진행하면 할수록 나의 고민은 커져만 갔다. 10명이 되는 아이들을 다 끌고 가고 싶었기 때문이다. 다음 단계를 위해 아이들에게 파닉스만큼은 완벽히 이해시켜주고 싶었다. 당장 모든 과목을 확인했다. 같은 반을 담임하는 원어민 선생님과 며칠에 걸쳐 오랜 회의를 했다. 파닉스 시간을 늘리기 위해, 아이들이 배우고 있는 수업 중 시간을 줄일 수 있는 과목을 하나씩 확인했다.

그렇게 더 확보한 시간으로 시간표를 다시 만들었다. 아이들이 가장 잘 집중할 수 있는 오전 시간으로 파닉스 수업을 모두 옮겼다. 그리고 반 아이들의 부모님들께도 부탁을 드렸다. 오전에 정말 특별한 일이 아니면 당분간 지각하지 않게 해달라는 내용이었다. 당장 파닉스의 모든 진도를 멈췄다. 아이들을 먼저 파악해야 했다. 어떤 부분을 모르는지 정확한 확인이 필요했다. 지금은 더디 가는 것처럼 보여도 하나씩 확인해서 모르는 부분을 채워주는 것이 나중을 위해선 빠른 길이라고 확신했다.

아이들에게 앞으로 벌어질 파닉스 수업에 관해 자세히 말해주는 것으로 수업을 새롭게 시작했다. 파닉스 수업이 중요한 이유와 시간표가 바뀐 이유를 알려주었다. 또 앞으로 어떻게 수업이 진행될지 말해주었다. 그런 후 평소 아이들이 가장 재미있어하는 책을 보여주었다. 파닉스가 끝나면 선생님 도움 없이, 스스로 이 책을 모두 읽을 수 있게 된다고 알려주었다. 그리고 아이들이 가장 좋아하는 스티커를 보여주었다. 유치원에서는 스티커를 다 모으면 선물을 받게 되는데, 이 선물을 아이들은 너무나 좋아한다. 나는 아이들에게 파닉스를 열심히 해서 이 책을 읽는 친구들 모두에게 스티커 대신 선물을 주겠다고 했다. 물론 수업 시간에도 열심히 노력하는 만큼 스티커를 많이 주겠다고 약속했다. 그리고 당부의 말도 잊지 않았다. 선생님과 앞으로 하게 되는 수업이 어려울 수 있는데, 너무 어려워서 그만하고 싶을지도 모른다. 하지만 그만하고 싶을 때 선생님에게 도움을 요청하면 선생님이 최선을 다해 끝까지 도와줄 것이라고 말했다.

자, 이제 모든 준비가 끝났다. 1권부터 아이들과 복습을 시작했다. 놀랍게도 알파벳을 헷갈리는 친구들이 있었다. b와 d를 구별하는 것을 어려워했다. 이럴 때 내가 쓰는 방법이 있다. b와 d 위에 동그라미를 하나 더 그려 보라고 한다. 그러면 b는 B가 되고, d는 세상에 없는 모양이 된다. 동그라미를 그려봤을 때 늘 보던 익숙한 모양이 보인다면 그것이 b이고 그렇지 않은 것이 d가 된다고 알려주는 것이다.

알파벳 점검 후 바로 파닉스 2권으로 넘어갔다. 나는 파닉스 수업 시간에는 책에 있는 모든 내용을 다 가르친다. 특히 사이트 워드(Sight Words)는 중요하기 때문에 놀이처럼 진행하여 모두 다 익히게 한다. 가끔 파닉스를 배우고도 책을 못 읽는 아이가 있다. 바로 이 사이트 워드를 제대로 확인하지 않았기 때문이다. 그래서 사이트 워드를 잘 알아야 한다. 나는 파워포인트에 사이트 워드를 한 글자씩 적고 아이들에게 끊임없이 반복해서 보여주었다. 한 장씩 넘기면서 정확히 읽어주었다. 내가 한 번 읽으면 그다음은 아이들이 읽는 방법을 사용했다. 책 한 권에 사이트 워드가 생각보다 많이 나온다. 그 때문에 매일 조금씩 분량을 늘려가며 반복해야 한다. 한꺼번에 많은 양을 복습하면 아이들은 지루해한다. 그래서 수업에 변화를 줘야 했다. 반 아이들 모두 같이 읽을 때 갑자기 멈춰서 한 명만 읽게 하여 긴장감을 주거나, 사이트 워드를 모두 읽어내는 아이에게는 깜짝 이벤트로 스티커 보상을 주었다.

개인별 맞춤 보충 자료로 파닉스 정복하기

수업을 진행하면서 책에 있는 모든 단어로 보충 자료를 만들었다. 매일 조금씩 아이들과 보충 자료로 어떤 것을 알고 있고 모르고 있는지 확인했다. 복습 중 1과에서 모르는 단어가 나오면 그 단어에 표시했다. 이 단어는 보충 자료에 넣어, 2과 복습할 때에 한 번 더 할 수 있게 했다. 아이마다 알고 있는 것과 모르는 것이 달랐기 때문에 나는 우리반 열명 모두 다른 보충자료를 만들었다. 매일 아이들별로 보충 자료를 만드느라 집에서도 늘 두 시간씩 컴퓨터 앞에 앉아야 했지만 목표가 있었다. 우리반 아이 모두를 다 이해시키기 위해 보충 자료로 아이들과 매일 공부했다. 수업 시간에 끝나지 않는 부분은 쉬는 시간마다 아이들을 한 명씩 붙잡고 끝마쳤다. 그렇게 3권 중반까지 보충을 끝내는 데만 꼬박 2주가 넘게 걸렸고 그제야 제대로 진도를 나갈 수 있게 되었다.

마침내 파닉스 진도를 시작할 수 있었지만, 수업을 시작하고 속도를 완전히 늦췄다. 빠르게 복습을 따라오느라 지친 아이들에게 성취감을 느끼게 해주고 싶었다. 그 성취감으로 앞으로 수업을 계속 따라올 힘을 가지길 바랐다. 그래서 수업 시간에 지문을 함께 읽는 시간을 늘렸다. 한 명씩 따로 친구들 앞에서 읽는 시간도 가졌다. 지문을 읽고 난 후에는 어제보다 얼마나 더 잘 읽었는지 칭찬해주었다. 그리고 아이들 한 명을 부를 때마다 이름 앞에 파닉스 퀸, 파닉스 킹을 붙여서 불러주기 시작했다. 그랬더니 아이들에게 서서히 변화가 나타나기 시작했다. 아이들 스스로 파닉스를 엄청나게 잘하는 아이라고 생각하기 시작했다. 자신감이 장착되니 수업을 더 잘 따라오게 되었다. 그 어렵다는 4권을 시작하면서도 어렵다고 말을 하는 친구가 한 명도 없었다. 오히려 4권이 쉽다고 이야기했다. 자신감과 칭찬으로 아이들은 파닉스 4권을 무사히 마칠 수 있었다. 5권은 말할 것도 없었다. 아이들이 5권을 배울 때는 내가 해줄 것이 없었다. 수업 시간에 아이들이 스스로 진도를 정하고 마치기까지 했다. 1권부터 5권까지 파닉스를 마친 후 약속대로 아이들에게 선물을 주었다. 아이들은 선물도 좋아했지만, 수업이 끝났어도 파닉스 왕이라고 불리는 것을 더 좋아했다.

아이마다 영어를 대하는 태도나 방법이 다 다르다. 학습적으로 발달한 부분과 자라온 환경이 다르기 때문이다. 그런데도 영어를 잘하는 아이들에게는 공통점이 있다. 바로 자신감이다. 자신감을 가지고 영어를 대하는 것과 그렇지 않은 것은 큰 차이가 있다. 그러니 아이에게 자신감을 먼저 심어주는 것이 중요하다. 그러기 위해선 현재 아이의 상태를 먼저 파악해야 한다. 그런 후 부족한 부분을 채워가야 한다. 그 과정에서 아이에게 해낸 것을 중점으로 많은 칭찬을 해주면 좋다. 어제는 못 했던 것을 오늘은 해냈다고 자세히 말해주는 것이다. 그렇게 아이의 실력을 아이에게 자꾸 확인시켜주어야 한다. 아이에게 앞으로 하게 될 영어 공부의 과정을 자세히 설명해주는 것도 중요하다. 부모가 아닌 아이 스스로 그 과정을 헤쳐나갈 수 있는 준비를 해주는 것이다. 이 과정이 당장은 더디게 가는 것 처럼 보일지 몰라도 멀리 보면 가장 빠른 길이라는 것을 알게 될 것이다.

작은 쪽지 시험이라도 보게 되는 날이면, 선생님이 답을 확인하기도 전에 끊임없이 물어본다. 시험을 잘 봤는지, 못 봤는지 알고 싶어 한다. 아이들은 항상 이렇게 물어본다.

Teacher, did I do I good job on my test?
선생님, 저 시험 잘 봤어요?

Yes, you did an excellent job.
네, 굉장히 잘했어요.

07   좀 더 폭넓게 영어를 경험하게 하라

—

I find that the harder I work, the more luck I have.

노력을 하면 할수록 행운이 더 많이 온다는 것을 알게 되었습니다.

– Thomas Jefferson –

6살 줄리는 영어통역사

내가 가르쳐온 유치부 아이들은 여행을 참 자주 다녔다. 휴가철에 맞춰서 여행을 다녔다고 하기보단 수시로 잘 다녔던 것 같다. 게다가 아이들이 여행을 통해 많은 것을 경험해볼 수 있는 부분은 수업시간에 배울수 없는 부분이기도 하다. 그래서 영어를 배우고 있는 아이들에게 여행지에서 영어를 직접 사용해보는 것은 좋은 경험일 수밖에 없다. 책으로 배운 것을 실제로 사용해본 아이들은 영어를 더 재미있어 한다.

우리 반 줄리는 거의 두 달에 한 번씩 여행을 다녀오는 아이였다. 줄리의 부모님은 아이가 초등학교를 들어가기 전에 마음껏 여행 다니겠다는 계획을 세웠다고 했다. 줄리는 여행 후 늘 많은 이야기를 해주었는데, 한번은 여행지에서 겪은 당황스러운 일을 말해주었다. 공항에 도착해서 짐을 기다리는데, 줄리 가족 짐이 모두 나오지 않았단다. 한참을 기다려도 나오지 않아 물어보니, 한국에서 수화물로 부쳤던 짐이 다른 비행기에 실려 없다는 것이었다. 결국 짐 때문에 너무 늦게 호텔에 도착했는데, 이번에는 예약자 명단에 줄리 가족 이름이 없어 한참을 로비에서 매니저와 확인을 해야 했다고 했다. 그때마다 영어로 들은 모든 상황을 부모님께 전달하는 사람은 줄리였다. 줄리의 부모님은 본인들이 영어를 못하는 콤플렉스 때문에 아이를 영어유치원에 보내게 됐다고 했다. 그래서 해외에서 이런 일이 생기면 줄리는 자연스럽게 부모님의 전담 통역사가 되었다. 부모님을 위해 영어로 대신 말을 전달해주는 것을 줄리는 정말 좋아하고 자랑스러워했다.

줄리는 영어를 참 잘했다. 영어로 말하면서 긴장하거나 두려워하는 모습을 한번도 본적이 없다. 사실 줄리뿐만 아니라 영어 유치부 아이들 대부분이 영어로 말하는 것에 두려움이 별로 없다. 틀리는 것에 대해 창피해하지 않는다. 상대방이 못 알아들으면, 알아들을 때까지 반복하는 것을 당연하게 생각한다. 그 과정에서 목소리를 크게도 해보고, 단어를 바꿔보면서 상대방에게 말을 전달하려 노력한다. 반대로 내가 못 알아들으면 알아들을 때까지 질문을 멈추지 않는다. 질문하는 것을 문제 해결의 하나의 과정으로 생각하기 때문이다.

일주일 만에 영어를 말할 수 있게 된 에밀리

해외 리조트에서 일한 적이 있다. 그곳은 젊은 커플보단 가족 단위의 손님이 많았는데, 바로 키즈클럽이 있었기 때문이다. 키즈클럽은, 리조트 내 상주하는 직원이 아이를 돌봐주는 돌봄 서비스다. 이 안에서 아이들은 리조트 안에 있는 시설을 이용하며, 친구들과 함께 온종일 논다. 아이들을 위한 수영장이 따로 있어서 수영을 실컷 할 수도 있고, 심지어 식사도 친구들과 함께 할 수 있어 아이들이 너무 좋아한다. 그래서 리조트를 떠날 때 아이들은 울면서 가기 싫다고 떼를 쓰기도 한다.

키즈클럽 안에서 아이들은 다양한 국가에서 온 친구들과 함께 어울려 논다. 특별한 경우가 아니고서는 주로 영어를 사용한다. 아직 영어를 접하지 못한 아이들이나, 영어 쓰기를 두려워하는 아이들은 한두 시간 만에 엄마를 찾는다. 낯선 곳에서 영어만 사용하는 사람들에게 둘러싸여서 하루를 보내는 것이 힘들기 때문이다. 그러나 아주 기본적인 영어를 사용할 줄 알거나, 자신감이 많은 아이는 즐겁게 시간을 보낸다. 심지어 이런 아이들은 집에 갈 때쯤엔 영어가 엄청나게 늘어서 가기도 한다.

벨기에에서 온 에밀리라는 여자아이가 있었다. 리조트에서 지내는 동안 부모님과 에밀리 모두 불어만 사용했다. 에밀리가 처음 키즈클럽에 와서 친구들에게 인사를 했을 때, 고개를 살짝 숙이고 작은 목소리로 '봉주르'라고 했던 것이 기억난다. 아이는 아침 일찍 키즈클럽에 와서 저녁 늦게 돌아가곤 했다. 그 당시 키즈클럽엔 80%가 싱가포르 아이들이었고, 나머지 20%가 한국과 중국 아이들이었다. 이 중에 불어를 사용할 수 있는 아이는 한 명도 없었다. 한국 아이들은 어느 정도 영어를 할 수 있었고, 중국 아이들은 중국어만 사용했다. 그러나 싱가포르에서는 영어와 중국어를 사용하는 만큼, 중국 아이들 또한 의사소통에 문제가 없었다. 딱 한 명 이 중에서 의사소통이 힘든 아이는 벨기에에서 온 에밀리뿐이었다. 그러나 영어를 쓰는 아이들이 많은 비중을 차지했기 때문에, 키즈클럽 안에선 영어를 주로 사용했다.

에밀리는 쉬운 단어조차 이해할 수 없었다. 다른 친구들이 모두 일어날 때 일어나질 못했다. 친구들이 수영장을 가기 위해 수영복을 가방에서 찾을 때도 아이는 영문을 몰라 가만히 서 있었다. 그런 에밀리를 위해 친구들이 끊임없이 같은 단어를 반복해서 말해주기 시작했다. '지금 간식 먹으러 가는 거야.' 아이들은 말을 하면서 동작도 같이 보여주었다. 에밀리는 '간식'이라는 말을 따라 했다. 에밀리가 화장실에 가고 싶어 화장실을 가리키면 친구들은 '화장실에 가고 싶구나.'라고 영어로 말해주었다. 하루밖에 안 되었지만, 에밀리는 이미 몇 개의 영어 단어를 말할 수 있게 되었다.

다음 날, 에밀리는 키즈클럽에 다시 왔다. 에밀리는 불어로 친구들에게 인사했고, 친구들은 영어로 에밀리에게 인사했다. 그런 후 친구들은 방금 에밀리가 했던 것처럼 불어로 인사를 했고, 에밀리는 친구들이 했던 것처럼 영어로 인사했다. 서로의 언어를 따라 하는 것이 재미있었는지 몇 번이고 계속 되풀이했다. 하지만 곧 아이들은 영어로만 이야기하기 시작했고, 에밀리도 자연스레 영어를 사용하는 친구들 사이에서 영어를 따라 했다. 친구들에게 배운 영어 표현을 쓰기 시작했다. 같은 표현을 비슷한 상황에서 몇 번이고 사용하였기 때문에 금방 익숙해진것이다. 머리로 배웠다기보다는 경험으로 배운 영어라 체득이 빨랐다. 물론 실수도 많이 했다. 하지만 부끄러워하지 않았다. 실수했다고 깨달으면 바로 다시 정확한 표현으로 고쳤다. 그렇게 에밀리는 키즈클럽에서 어렵지 않게 금방 친구들과 어울려 생활할 수 있었다.

일주일 정도 리조트에 머물렀던 에밀리의 가족이 떠나는 날이 되었다. 마지막 인사를 하는데 에밀리가 우리에게 영어로 인사를 했다. 에밀리의 부모님은 깜짝 놀랐다. 아이가 부모님 앞에선 영어를 쓰지 않았기 때문에 몰랐다고 했다. 일주일 동안 에밀리는 친구들과 놀기만 했을 뿐인데 어느새 영어가 제법 늘어 있었다.

영어를 폭넓게 경험하는 방법은 여행만 있는 것은 아니다. 하지만 여행에서 외국 친구를 사귈 수 있다면 그들이 쓰는 영어를 경험하게 되는 좋은 기회가 될 수 있다. 아이들은 친구를 사귀고 같은 놀이를 하면서 빨리 많이 배운다. 에밀리처럼 말이다. 영어를 한마디도 못 했지만, 친구들과 생활을 하면서 에밀리는 영어로 말할 수 있게 되었다. 즐겁게 영어를 접한 에밀리는 벨기에로 돌아가면 영어를 공부하고 싶은 마음이 들 것이다. 재미있게 시작한 기억 때문이다. 언어는 이렇게 시작해야 한다. 부모에 의해서 억지로 시작하는 것이 아니라, 아이가 흥미를 느끼고 시작해야 한다.

지금 당장 내 아이가 영어 단어를 몇 개 더 알고 있고, 친구보다 발음이 조금 더 좋은 것이 전부가 아니다. 영어를 즐겁게 경험하는 것. 그 경험으로 또 다른 흥미를 발견하는 것. 그것이 바로 영어를 오래 공부 할 수 있는 힘이 되는 것이다.

화장실을 자주 가는 만큼 아이들은 물도 자주 마신다. 특히 쉬는 시간에 물을 마시기 위해 선생님에게 자주 허락을 구한다. 많이 쓰게 되는 표현 이니만큼 처음부터 제대로 익혀보자.

Can I drink some water, please?
물 마셔도 돼요?

Yes, you can.
네, 그러세요.

No, you can't.
아니요, 안 돼요.

08 의식하지 않아도 영어가 나오게 하는 법

—

Sometimes you just have to jump off the bridge
and learn to fly on the way down.

가끔은 다리에서 뛰어내려 아래로 떨어지면서 날아가는 법을 배울 필요가 있어요.

– Anonymous –

우리 반 달리기왕의 꿈

타다 다다닥. 교실 밖에서 누군가 뛰어오는 소리가 들린다. 소리가 멈추더니 문이 벌컥 열렸다. 교실에 있던 나와 아이들은 깜짝 놀라 문을 바라봤다. 거기엔 크리스가 헉헉거리면서 숨을 고르고 있었다. 머리끝이 흠뻑 젖을 정도로 땀을 흘리고 서 있었다. 온 얼굴이 땀범벅이었다. 그런 아이를 보며 내가 말했다.

"Chris, you are sweating."

크리스도, 아이들도 눈을 크게 뜨고 나에게 sweating이 무슨 뜻인지 물었다. 나는 설명 대신 크리스를 가리키며 지금 크리스의 모습이라고 말했다. 머리부터 얼굴까지 땀으로 덮여 있는 상태라고 알려주었다. 아이들은 이해했다는 듯 고개를 끄덕였다. 크리스 덕분에 아이들은 새로운 표현을 배우게 되었다. 그것도 아주 효과적인 방법으로 말이다. 이렇게 배운 새로운 표현은 오래 기억될 것이다. 여러 감각을 사용해 터득했기 때문이다.

그래서 나중에 아이들이 이와 같은 상황을 마주하게 되면 생각하지 않아도 입 밖으로 툭 튀어나오게 되는 것이다. 표현을 경험으로 배웠기 때문이다. 그날 이후 아이들은 땀을 흘리는 아이들을 마주하는 상황이 생길 때마다 sweating을 외쳤다. 한국어로 생각해서 영어로 번역한 것이 아니었다. 단어를 보거나 듣자마자 아이들은 자연스럽게 크리스가 떠오른 것이었다. 크리스가 땀에 흠뻑 적어있던 모습이 sweating이라는 단어를 무의식적으로 입 밖으로 바로 나오게 해준 것이다.

"내가 일등!"

크리스는 문을 열고 들어와서 이렇게 말했다. 이게 무슨 말인가 생각하기도 전에 줄줄이 다른 아이들이 연이어 들어왔다. 우리 반의 차세대 달리기 주자들이었다. 최근 아이들이 달리기에 관심이 커졌다고 생각했는데, 그 관심이 점점 경쟁으로 이어지고 있는 모양이었다. 쉬는 시간만 되면 본인이 얼마나 빨리 달릴 수 있는지 이야기를 늘어놓았다. 이미 아이들 사이에서는 누가 더 빨리 달릴 수 있는지가 큰 관심거리가 되었다.

그동안 매번 입으로만 시합하더니 아이들이 드디어 진짜 달리기 시합을 했다. 다들 간발의 차로 도착하였는데, 유독 한 아이만 조금 떨어져 들어왔다. 아이의 얼굴에는 실망이 가득하였다. 아이를 격려해주고 싶었지만, 그 전에 해야 할 일이 있었다. 유치원에서 달리기 시합이라니…… 아이들에게 실내에서 달리기 시합을 하는 것은 위험하다고 한 번 더 알려주어야 했다. 자칫 아이들끼리 부딪히거나 넘어지는 큰 사고로 이어질 수 있기 때문이다. 아이들의 다짐을 받고 나서야 왜 아이들이 달리기 시합을 했는지 물었다. 그리고 크게 실망하며 늦게 들어온 아이를 격려해주었다. 아이는 달리기 시합에 최선을 다했는데도 이길 수 없었다고 속상함을 털어놨다. 얼마나 빨리 달리고 싶은 마음이었는지 아이의 말 한마디에 간절함이 전해져왔다.

다음날 우리 반은 평소와 다르지 않게 수업도 하고 간식도 먹고 있었다. 아이들은 간식을 먹을 때마다 재미있는 이야기를 해달라고 하는데, 매번 재미있는 이야기가 생각나지 않는다. 다행히 이날은 지난밤 꿈 이야기가 생각나서 이야기를 시작했다. 꿈속에서 나는 아이들과 수업을 하고 있었다. 토론 시간 이어서 아이들에게 주제를 설명해주고 팀을 짜주었다. 그리고 수업을 시작했다. 아이들은 저마다 주제에 대한 본인의 생각을 말하기 시작했다. 그런데 아이들 말을 내가 하나도 알아들을 수가 없었다. 귀 기울여 들으니 프랑스어, 중국어, 스페인어 등등 아이들 모두 다른 언어를 사용하고 있었다. 그런데 신기한 것은 아이들끼리는 서로 다른 언어를 이해하고 토론을 이어나가고 있었다. 꿈 이야기를 마치자 아이들이 누가 프랑스어를 스페인어를 중국어를 사용했는지 궁금해하여 알려주고 있었다. 그때 어떤 아이가 물었다.

"선생님은 꿈을 꿀 때 한국어로 꿔요, 아니면 영어로 꿔요?"

"무슨 꿈이냐에 따라 다르겠지만, 한국어로 꾸기도, 영어로 꾸기도 해요. 우리 반 친구들은요?"

그때 조용히 그레이가 손을 들었다. 그레이는 전날 달리기에서 가장 늦게 들어왔던 아이였다. 그레이는 평소 한국어로 꿈을 꾼다고 했다. 그런데 어제 처음으로 영어로 꿈을 꾸었다고 했다. 무슨 꿈을 꾸었냐고 물으니, 어제 달리기 시합을 했던 친구들과 다시 달리기 시합을 하는 꿈을 꾸었다고 했다. 그 꿈에서 본인이 일등을 하였는데, 일등을 하고 선생님과 친구들에게 축하를 받았다고 했다. 축하해주는 아이들도 영어로 말했고, 본인도 영어로 친구들에게 이야기했다고 했다. 나는 그레이의 이야기를 듣고 꿈을 꿀 정도로 달리기를 이기고 싶었던 아이의 마음을 보듬어주고 싶었다. 또 한편으론 아이들이 영어를 모국어처럼 받아들이고 있는것 같아 기뻤다.

아이가 집으로 옮겨놓은 영어 수업

나는 아이들이 집에 가면 무슨 놀이를 하며 노는지 참 궁금했다. 가끔 상담 때 여쭤봐도 어머님들은 두루뭉술하게 말씀해주실 뿐이었다. 그런데 어느 날 상담을 하던 중간 어떤 학생의 어머님과의 통화로 나의 궁금증이 풀렸다.

"선생님, 원어민 선생님이 수업을 참 재미있게 하시네요. 항상 뭔가를 들고 수업을 하시던데, 그게 뭔가요? 집에서 비슷한 것을 찾아봤는데, 아이가 자꾸 아니라고 하네요. 로지 선생님도 같은 것을 사용한다고 하더라고요."

나는 그 어머님께서 수업을 밖에서 지켜보신 줄 알았다. 그래서 언제 다녀가셨냐고 여쭤보았다. 어머님께서는 유치원을 다녀온 것이 아니라, 집에 오면 아이가 매일 선생님 흉내를 낸다고 했다. 엄마를 앉혀놓고 유치원에서 배운 내용을 똑같이 수업한다고 했다. 아이가 놀이하면 말투가 바뀌는데, 아마도 원어민 선생님을 따라 하는 것 같았다고 했다.

그런데 요즘 수업 놀이를 하면서 자꾸 뭔가를 찾는단다. 기다란 것인데 그것이 있어야 수업을 할 수 있다고 했다는 것이다. 그때쯤 나는 우리 반을 맡은 원어민 선생님과 아이들에게 예쁘게 글씨 쓰는 방법 가르치고 있었다. 칠판에 줄을 긋는 용도로 사용하기 위한 긴 자를 가지고 다녔다. 아이는 그것을 설명하고 싶었던 것 같다. 그런데 일반 문구점에서 보는 그런

자가 아니어서 아이가 설명을 제대로 못 한 것이었다. 아이의 어머님은 매일같이 아이가 선생님을 흉내 내는 것을 보면서, 이것을 어떻게 다 기억을 하는지 신기하다고 하셨다.

아이의 어머님과 전화를 마치며 아이가 영어로 모든 것을 표현한 것은, 아이가 의식하지 않았기 때문이라고 생각했다. 아이는 놀이를 하면서 영어를 쓴다고 생각하지 않았을 것이다. 단지, 아이에게는 그 상황을 그려내기 위한 표현 중 하나가 영어였던 것이다.

예전에 나는 영어 단어를 외울 때 두 가지 방법을 사용했다. 하나는 손으로 써서 외우는 것, 또 하나는 컴퓨터 자판에 입력하면서 외우는 것이었다. 그 결과 손으로 쓰며 외운 것은 손으로 써야지만 철자가 생각났다. 또 자판을 입력하며 외웠던 단어는 자판으로 입력해야지만 기억이 났다. 손으로 써서 외운 단어를 자판으로 입력하려면 바로 생각나지 않았다. 무의식 속에 단어를 외운 방법이 몸에 기억된 것이다.

아이들의 영어 학습도 비슷하다. 무의식적으로 영어를 꺼내주고 싶으면 환경을 만들어 주어야 한다. '학원에서 영어를 배웠으니 한번 해봐'와 같은 질문은 하지 말아야 한다. 자꾸 의식적으로 꺼내려고 하면 더 나오지 않는 것이 언어고 영어다. 아이가 놀이를 통해 원어민 선생님의 수업을 흉내 냈던 것처럼 자연스럽게 영어가 나오도록 기다려주는 시간이 필요하다.

수업 시간에 아이들이 반드시 사용해야 하는 표현이다. 선생님의 목소리가 작아서, 혹은 빨라서 못 들었다면 이렇게 질문해보자.

Teacher, can you repeat that again?
선생님, 다시 한 번 더 말해주시겠어요?

Sure, it's…….
그럼요, 이것은…….

"You know that children are growing up when they start asking questions
that have answers."

"아이들이 답이 있는 질문을 하기 시작하면 그들이 성장하고 있음을 알 수 있다."

– 존 J. 플롬프 –

**PART
4**

마법을 부리는 영어 뇌를 만들어요

01 수업 시작 전 30분이 가장 중요하다

—

True life is lived when tiny changes occur.

작은 변화가 일어날 때 진정한 삶을 살게 된다.

– Lev Tolstoy –

수업 시작 전 로지 선생님은 바쁘다

유치원에 도착하자마자 내가 가장 먼저 하는 일이 있다. 교실에 들러 창문을 열어놓는 것이다. 아이들이 도착하기 전 적어도 한 시간은 환기하기 위해서다. 미세먼지 애플리케이션으로 확인 후, 매우 나쁨이 아니고서야 꼭 환기한다. 실내에 갇혀 있는 공기가 나쁘다는 기사를 읽고서는 더 열심히 했다. 물론 환기 후에는 늘 공기청정기를 켜는 일도 잊지 않는다. 그다음은 아이들과 함께 생활할 교실을 청소한다. 어린아이들이 생활하는 교실에선 작은 것 하나가 위험해질 수 있다. 그래서 나는 혹시나 있을 수 있는 위험요소를 찾기 위해 꼼꼼히 살핀다. 그러면서 책상도 닦고 의자도 닦는다. 특히 환절기 때는 문손잡이까지 소독약으로 매일 닦는다. 아이들의 눈높이로 바라보고 아이들의 손이 닿을 수 있는 곳은 모조리 닦는다. 많은 아이가 함께 생활하는 곳이기 때문에 청결에 더 많은 신경을 쓰는것이다.

청소가 끝나면 아이들의 책꽂이를 확인한다. 아이들이 배우는 책의 종류가 많아서 수업에 필요한 책은 원에서 보관한다. 종류별로 분류해놓아 아이들도 쉽게 꺼내 볼 수 있게 했다. 내가 아침마다 책을 확인하는 이유는 오늘 수업에 필요한 책이 모두 있는지 확인하기 위해서다. 아이들 이름을 하나씩 찾으며 책이 모두 있는지 확인한다. 그런데 가끔 책꽂이에 책이 없을 때도 있다. 숙제를 위해 아이가 집으로 가져갔거나, 다른 책꽂이에 꽂혀 있는 경우다. 확인 후 다른 책꽂이에도 책이 없으면, 오늘 수업 부분을 미리 복사한다. 책 때문에 수업 진행에 차질이 생기는 것을 미연에 방지하는 것이다.

나는 수업 전 아이들 모두 수업에 집중할 수 있게 만드는 것을 중요하게 여긴다. 그 이유는 아이들이 수업을 시작할 준비가 되어 있지 않으면, 계획대로 수업을 이끌고 나가기 힘들기 때문이다. 수업 분위기를 잘 만들어놓고 수업을 시작하려고 하는데, 복사하러 교실을 나가야 해서 그 분위기가 깨지는 경우가 있다. 그러면 나와 아이들은 다시 수업 분위기를 만들기 위해 큰 노력을 들여야 한다. 수업 분위기를 만드는 데 시간이 오래 걸리게 될수록 아이들도 수업을 따라오는 데 힘들어한다. 그래서 수업의 흐름이 끊기지 않게 만반의 준비를 해놓는 것이다.

아이들이 사용하는 연필과 지우개를 미리 준비해놓는 것도 같은 이유다. 연필은 넉넉하게 깎아놓는다. 아이들이 사용하기 좋게 너무 뾰족하지 않게 준비한다. 연필이 부러지는 것을 생각하여 아이들 수의 두 배 정도 미리 준비한다. 지우개도 마찬가지다. 처음에는 한 책상에 앉아 있는 친구와 함께 쓸 수 있게 했었다. 그런데 지우개를 쉽게 망가뜨리고 잘 잃어버렸다. 그래서 지우개에 아이들 이름을 크게 적어주었다. 그랬더니 아이들은 지우개를 소중하게 사용하기 시작했다. 지우개를 잃어버리지 않게 되었다. 이름 하나가 들어갔을 뿐인데, 지우개를 대하는 아이들의 태도가 달라졌다.

책과 필기구가 준비되면 본격적인 수업 준비를 시작한다. 먼저 오늘 수업할 책의 진도를 모두 확인한다. 그리고 내용을 보면서 아이들이 어려워할 부분을 표시한다. 어떻게 수업을 진행할 것인지 머릿속으로 그려본다. 필요하다면 따로 메모도 해놓는다. 그리고 다시 시간표를 확인하여 하루 동안 아이들이 무엇을 배우게 되는지 확인한다. 이 내용으로 수업 시간 중 복습할 내용을 다시 정리한다. 아이들에게 쉽게 가르쳐줄 수 있는 아이디어가 떠오르면 따로 메모한다. 메모를 보면서 원어민 선생님과 짧게 의견을 주고받는다. 이 부분이 중요하다. 아이들이 꼭 배웠으면 하는 부분을 원어민 선생님과 공유할 수 있기 때문이다. 이렇게 한 번 수업 전 확인하는 작업만 거쳐도 원어민 선생님과의 수업 방향이 틀어지지 않는다. 예를 들어서 나는 이번 주 꽃의 종류에 관해 수업의 방향을 잡았다. 그런데 원어민 선생님은 꽃의 종류가 아니라 꽃의 색깔로 방향을 잡았다고 생각해보자. 언뜻 수업을 듣는 아이들이 많은 내용을 배울 수 있을 것 같아 좋아보이지만 사실 그렇지 않다. 같은 내용을 다른 방식으로 여러 번 배우는 것이 아이들의 이해력을 더 높이기 때문이다.

수업 준비가 끝나면 칠판으로 이동한다. 칠판에 오늘의 날짜, 요일, 날씨를 적고 그날 아이들에게 가르쳐주고 싶은 문장 하나를 적는다. 이 문장은 책의 진도를 확인하여 만드는데, 키워드를 뽑아서 만들거나 책의 문장을 이용한다. 그래서 아이들은 아침에 칠판만 봐도 오늘 무슨 내용을 배울지 짐작할 수 있다. 이 정도의 준비가 끝나면 나는 교무실로 돌아와 보충자료를 인쇄하거나 책을 복사하면서 아이들을 기다린다.

수업 시작 전 우리 반 아이들은 매일 하는 일이 있다

아이들은 유치원에 도착하자마자 우렁찬 목소리로 인사하는 것부터 시작한다. 그리고 집에서부터 신고 왔던 신발을 벗고 유치원에서 신는 실내화로 갈아 신는다. 신발을 정리하고 교실로 와서 겉옷을 벗어 옷걸이에 건다. 옷을 본인 사물함에 넣고 가방을 연다. 가방 안에 있는 물건을 모두 꺼내서 각자 위치로 옮겨놓는다. 물통은 물 마시는 곳에, 원아 수첩은 선생님 책상에, 숙제는 책상 위에 꺼내놓는다. 빈 가방은 잘 닫아 사물함에 세워 둔다. 혹시나 가방에 특별히 전달해야 하는 물건이 들어 있으면 따로 선생님에게 전달한다.

아이들도 나처럼 수업할 책이 모두 있는지 확인한다. 또 연필과 지우개를 가지고 와 책상 위에 가지런히 놓는다. 그리곤 친구들과 이야기를 시작한다. 화장실을 다녀오기도 하고, 물을 마시기도 한다. 그러다 수업 시작 5분 전이 되면 아이들은 자리에 앉아 수업 준비를 한다. 칠판을 보며 오늘의 문장을 소리 내 읽어보고, 모르는 발음을 질문하면서 수업 시작을 기다린다.

나는 수업 시간 10분 전 아이들에게 화장실을 다녀오라고 말한다. 수업이 시작되면 항상 화장실에 가고 싶은 아이들이 생기기 때문이다. 뛰지 않고 걸어서 다녀올 수 있게 당부한다. 뛰지만 않아도 아이들끼리 부딪히는 일이 발생하지 않기 때문이다. 그러나 우리 아이들은 늘 걷질 않는다. 뛴다고 할 수는 없지만, 걷는 것도 아니다. 빠른 경보 수준으로 다니는데, 아이들이 기분이 너무 좋거나 신이 날 때 주로 하는 행동이다. 아이들이 뛰지 않고 다녀올 수 있게끔 복도에서 아이들을 본다. 화장실에서 돌아올 때 나를 보게 되면 아이들은 뛰지 않기 때문이다.

그래도 뛰어온다면, 손가락을 관자놀이 근처에 가져다 대고 뿔난 얼굴을 만들어 아이들을 본다. 그러면 아이들은 그런 나의 모습을 재미있어 하면서 금세 예쁘게 걸어온다.

아침에 아이들을 뛰지 않게 하는 것이 나에겐 너무 중요하다. 이유는 아이들이 뛰는 순간 마음속의 차분함이 사라지게 되기 때문이다. 수업 전 아이들이 해야 하는 모든 행동은 다 이유가 있다. 정해진 곳에 정확히 물건을 놓게 하는 것은 아이들의 마음을 차분히 만들려는 나의 노력이다. 그런데 아침에 뜀박질 한 번이면 이 모든 것이 무너져 수업을 진행할수록 아이들의 집중을 얻어내기가 힘들다.

그래서 우리 반은 수업이 시작되기 전에 글씨 쓰기를 먼저 한다. 아이들의 동기 부여를 위해 시작한 이유도 있지만, 글씨 쓰기를 하면서 마음을 차분히 가라앉히게 하려는 이유도 있다. 마음이 정돈되어야 집중력도 높아지기 때문이다.

수업 시작 전 30분이 중요한 이유는 이것이 하루를 결정하기 때문이다. 아침을 어떻게 보내느냐에 따라 아이가 수업을 대하는 태도가 달라진다. 아침을 허둥대지 않고 천천히 준비한 날은 수업에 집중하는 정도가 다르다. 또 어려운 수업을 진행해도 아이들 스스로 이해해보려는 의지가 크다. 하지만 그렇지 않은 날은 아이들이 수업 태도를 만들기 위해 수업 시간의 반을 써야 할 때도 있다. 수업을 들을 준비가 안 된 아이들과 수업을 하면 수업이 힘들어질 수밖에 없다. 똑같은 설명을 해도 이해하는 정도가 달라진다. 그래서 다시 같은 수업을 반복해야 하는 일이 발생한다.

그래서 나는 아이들이 등원하는 순간부터 수업을 시작하기 전까지 큰 노력을 기울인다. 최대한 밝게 아이들과 인사하고, 아이들의 컨디션을 살핀다. 모든 아이가 수업을 제때 시작할 수 있게끔 마음가짐을 가질 수 있게 도와주는 것이다.

선생님은 칠판에 날짜를 적을 때마다 오늘은 며칠인지 아이들에게 물어본다. 그러면서 아이들과 함께, 달과 날짜를 말하고 쓰는 연습을 한다. 가정에서도 매일 사용해볼 수 있는 표현이니, 자주 연습해보자.

What is the date today?

오늘은 며칠이예요?

It's September 15th.

오늘은 9월 15일이예요.

02

뇌를 속이는 기술은 따로 있다

—

Someone's sitting in the shade today
because someone planted a tree a long time ago.

오늘 누군가가 그늘에 앉아 쉴 수 있는 이유는

오래전에 누군가가 나무를 심었기 때문이다.

– Warren Buffett –

뇌를 지배하는 감정이 바꾼 아이의 하루

오늘도 아이들은 왁자지껄 요란하게 유치원에 도착했다. 그런데 평소 가장 활발한 레이가 이상하게 조용했다. 어깨는 축 처져 있고 입술은 평소보다 조금 앞으로 나와 있었다. '굿모닝, 레이' 인사를 해봐도 아이는 듣지 못한 채 교실로 들어갔다. 아침에 무슨 일이 있었는지 차량 지도 선생님께 여쭈니, 아이가 차를 탈 때만 해도 기분이 좋았다고 하셨다. 버스 안에서 친구들과 싸우지도 않았고, 큰 특별한 일이 없었다고 했다.

점심을 먹고 아이를 따로 불렀다. 다른 아이들이 볼 수 없게 교무실로 아이를 데려왔다. 아이와 무릎을 마주하고 앉아 오늘 아침에 무슨 일이 있었는지 물었다. 아이는 입을 꾹 다문 채 답을 하지 않았다. 몇 초가 지났을까? 아이는 갑자기 눈물을 왈칵 쏟아 냈다. 소리를 내며 엉엉 울기 시작했다. 나는 서럽게 우는 레이에게 왜 우는지 묻는 대신 꼭 안아주었다. 아이를 번쩍 들어 내가 앉아 있는 의자에 앉혔다. 그리고는 아이의 등을 토닥여주었다. 레이는 점점 울음을 그치면서 나를 보았다. 그리고 말을 시작했다.

"선생님, 있잖아요. 제가 왜 울었느냐면요, 너무 속상해서 그랬어요. 버스를 타고 엄마에게 손을 흔들었는데, 엄마가 없었어요. 원래는 유치원 버스를 타고 창밖을 보면 엄마가 항상 있었거든요. 버스가 출발할 때까지 엄마가 손을 흔들어주는데, 오늘 아침에는 버스에 타고 보니 엄마가 없었어요."

아이의 말에 심장이 쿵 내려앉았다. 왜냐하면 최근 레이에게 동생이 생겨 일주일 정도 엄마를 보지도 못했기 때문이다. 동생을 낳기 위해 병원에 있던 엄마를 어제야 만났다. 레이는 엄마를 기다리던 일주일 동안, 며칠 후에 엄마가 동생과 함께 집으로 온다고 매일 자랑을 했다. 예쁜 여자 동생인데, 본인이 본 아기 중에서 가장 예쁘다고 했다. 그런데 막상 아이가 집에 오니 예상치 못한 감정이 생긴 것이다. 엄마가 동생을 돌보느라 너무 바빠 레이와 많은 시간을 보내지 못했다. 동생은 아기니까 엄마가 많이 도와주어야 한다고 했지만, 레이도 엄마가 필요했다. 그러다 아이의 감정이 터진 것이다. 매일 아침 레이는 버스 안에서 엄마에게 손을 흔드는 것을 행복하게 느꼈던 것 같다. 그런데 엄마가 말도 없이 사라졌으니 놀라기도 하고 서운하기도 했을 것 같다. 나는 레이의 말을 듣고 잠시 생각했다. 그리고 아이에게 말했다.

"레이야, 우리 수업 끝나면 집에 가기 전에 엄마랑 통화할까요? 레이는 지금 엄마가 보고 싶죠? 엄마도 집에서 레이가 무척이나 보고 싶을 것 같아요. 그런데 지금 곧 수업이 시작되니, 수업 끝나고 집에 가기 전에 엄마에게 전화하는 것이 어떨까요?"

아이는 대답 대신 고개를 끄덕였다. 그러곤 나를 보며 크게 웃어 보였다. 나는 아이에게 남은 수업을 재미있게 하고 여기에서 다시 만나자고 했다. 아이는 씩씩하게 일어나서 교실로 향했다. 아이를 돌려보내고 바로 어머님께 연락을 드렸다. 유치원에서 이런 일이 있었는데, 하원하기 전 아이랑 통화할 수 있는지 여쭈었다. 이야기를 들으며 어머님은 레이의 마음을 헤아려주지 못해 마음이 아프다고 하셨다. 아침에 레이가 등원할 때 둘째가 막 잠이 들어 침대에 아기를 눕히고 나왔는데, 혼자 두고 온 아이가 너무 걱정되어 레이가 버스에 타는 것을 확인한 후 부랴부랴 집으로 돌아갔다고 하셨다. 집에 돌아와 둘째가 깨지 않아 다행이라고만 생각했는데, 그것 때문에 레이가 서운해할 것이라고 생각 못 했다고 하셨다.

수업이 모두 끝난 후 레이는 엄마와 통화를 했다. 엄마가 갑자기 사라져서 너무 속상했다고 말하면서도, 엄마와 통화를 해서 행복하다고 했다. 엄마와 통화를 마친 후 아이는 그제야 진짜 평소의 모습으로 돌아왔다.

뇌를 속이는 기술

아침에 일어나는 작은 일은 아이들에게 하루를 결정 짓는 큰일이 되기도 한다. 아침에 입기 싫은 티셔츠를 입는 것도 먹기 싫은 시금치를 먹는 것도 아이들에게는 큰일이다. 그중 아이가 가장 사랑하는 엄마의 말 한마디는 엄청난 힘을 자랑한다. 엄마의 따뜻한 말 한마디로 아이들은 온종일 기분이 좋아지기도 또, 엄마의 꾸지람에 온종일 우울해지기도 한다. 이러한 감정은 아이들의 뇌를 속인다. 이렇게 속은 뇌는 수업을 시작하는 아이들에게 좋은 영향을 끼치기도 나쁜 영향을 끼치기도 한다. 수업을 열심히 하게 만들기도 하고, 수업에 집중하지 못하게 방해하기도 한다. 이 모든 것은 유치원에 도착하기 전 아침에 일어난다.

'오늘 아침을 먹고 온 친구는 손을 들어보세요.'라고 아이들에게 질문하면 절반 정도의 아이가 손을 든다. 다시 '어제 9시 이전에 잠을 잔 친구는 누구일까요?'라고 질문하면 한두 명만 손을 든다. 그러나 월요일 같은 질문을 하면 거의 모든 아이가 손을 들지 못한다.

부모님들께 월요일 아침 1교시를 생중계해드리고 싶다. 아이들이 유치원에 오면 어떻게 하루를 시작하는지 말이다. 잠을 충분히 자지 못해 졸려 짜증을 내기도 하고, 아침을 먹지 않아 배고픔을 호소하기도 한다. 이런 아이들을 데리고 월요일 아침 1교시 수업을 진행하기란 결코 쉽지 않다. 유치원에 도착하면 아이들은 졸린 눈을 뜨기 위해 노력한다. 또 배고픔에 가방을 열어 먹을 것을 찾느라 시간을 보내기도 한다. 한 명이 시작하면 금방 친구들에게 전염이 된다. 이럴 땐 어쩔 수 없이 수업의 내용을 바꾼다. 그날 오후에 예정되어 있던 활기찬 수업으로 시간표를 바꿔 상황을 수습한다. 아이들의 잠을 깨우기 위해 노래도 틀어보고, 배고픈 아이들을 위해 내가 싸 온 과일을 입에 넣어주기도 한다. 그래도 반의 대다수 아이가 졸려 하거나 배고파하면 수업은 진행할 수 없게 된다.

아이들의 뇌도 어른과 같다. 뇌를 깨우려면 기본적인 것들이 이루어져야 한다. 잠을 충분히 자서 뇌가 활동할 힘을 보내주어야 한다. 또 아침을 먹어서 뇌가 일을 할 수 있는 에너지를 보충해줘야 한다. 하지만 아이들의 뇌는 준비되어 있지 않은 경우가 많다. 이런 경우는 기다리는 수밖에 없다. 어쩔 수 없이 진도를 꼭 나가야 하는 날에는 억지로 책을 펴고 수업을 시작하지만 그럴 때마다 마음이 편치 않다. 그래서 나는 부모님들께 말씀을 드린다. '아이가 어제 늦게 자서 수업 시간에 많이 졸려 했습니다. 오늘은 일찍 잘 수 있게 해주세요. 오늘 아침에 아이가 아침을 안 먹고 와서 배고프다고 계속 이야기했어요. 내일은 아이 아침을 먹여서 보내주세요. 만약 아침을 못 먹으면 과일이라도 싸서 보내주세요. 아침에 제가 따로 먹이겠습니다.' 그럼에도 새로운 한 주가 시작되면 아이들과 나는 이일을 또 다시 반복한다.

아이들의 뇌를 속이는 기술은 아이들의 기분을 상하지 않게 만들어 주고, 기본적인 잠과 배고픔을 해결해 주는 것이다. 하지만 현장에서 아이들을 가르치다 보면 이 기본적인 부분이 해결되지 않아 수업 진행이 어려운 경우가 대부분이다. 유치원에 도착하기도 전에 이미 기분이 상해 있는 아이는 그 기분이 풀리기 전에 수업에 참여하지 않는다. 몸은 교실에 있지만, 머리는 그 일을 계속 생각한다. 저녁에 잠을 늦게 자서 유치원에 와서도 졸린 아이는 잠을 자야 정신이 맑아져 비로소 수업을 시작할 수 있게 된다. 또 배가 고픈 아이는 음식을 먹고 포만감이 들어야 수업할 기운이 생긴다. 수업 전 최소한 아이가 일상을 시작할 수 있는 기본적인 욕구를 충족시켜줘야 한다. 그래야 수업을 시작이라도 할 수 있다. 수업이 시작되어야 그것이 재미있는 방법이든 흥미로운 방법이든 아이들은 배울 마음이 생기는 것이다.

매일 아침 유치원은 전쟁이다. 아이들 얼굴에 졸음이 한가득하다. 어젯밤 잠을 늦게 잔 것이 분명하다. 선생님들은 어떻게든 졸린 아이의 눈을 뜨게 노력한다. 그래도 쉽게 아이들의 잠을 깨우진 못한다.

What time did you go to bed last night?

어젯밤 몇 시에 잤어요?

I went to bed at nine o'clock.

9시에 잤어요.

보상만큼 확실한 동기 부여도 없다

03

—

A Dream written down with a date becomes a Goal.

A goal broken down becomes a Plan.

A plan backed by Action makes your dream come true.

꿈에 날짜를 적으면 목표가 되고, 목표를 잘게 나누면 계획이 되고,

계획을 실행에 옮기면 꿈이 현실이 됩니다.

– Greg S. Reid –

아이들에게 물고기 잡는 법을 알려주다

5세~7세 사이의 아이들을 가르치는 수업 시간 선생님들이 가장 많이 하는 말이 무엇일까? 아마도 '조용히 하세요, 자리에 앉으세요.'일지도 모르겠다. 하지만 나는 7세 열 명과 함께하는 수업 시간에 이 말을 거의 사용하지 않는다. 아니, 사용할 기회가 없다. 아이들이 수업 시간에 떠들지도 않고, 일어나 돌아다니지도 않기 때문이다. 믿기 힘들다고 할 수도 있겠지만 사실이다. 우리 반 아이들은 수업 시간에 수업을 정말 열심히 한다. 물론 우리 아이들도 처음에는 수업 시간에 떠들고, 수시로 돌아다녔

다. 이런 아이들을 내가 어떻게 변화시켰는지 학부모님들이 질문할때마다 나는 이렇게 답했다. '제가 아이들을 변화시킨 것이 아니라, 성취감이 아이들을 변화시켰습니다.'

헤일리라는 예쁜 아이가 있었다. 그림을 그리기를 좋아해 쉬는 시간마다 종이를 가져와 그림을 그렸다. 다른 여자아이들처럼 공주나 예쁜 것만 그리지 않았다. 자동차도 그리고 사람도 그리고 상상화를 그리기도 하였다. 어느 날이었다. 헤일리가 그림을 그리다 갑자기 울기 시작했다. 본인이 생각하는 것만큼 그림을 그릴 수가 없어서 속상하다고 했다. 평소 아이가 그림 그리는 것을 얼마나 좋아하는지 알기에 그 마음이 읽혔다. 우는 헤일리를 달래며 말했다.

"누구도 처음부터 잘할 수 있는 것은 없어요. 잘하려면 계속 많이 해봐야 해요. 그것이 그림 그리기라면 지금처럼 꾸준히 그리면 돼요. 연습하고 또 연습하다 보면 결국 잘할 수 있게 되거든요. 선생님도 어렸을 때 그림을 못 그렸는데, 매일매일 연습했더니 지금은 그릴 수 있는 것이 많아졌어요. 그러니 헤일리도 하나씩 연습하면 나중에는 원하는 그림을 다 그릴 수 있을 거예요."

울음을 그쳐가는 헤일리에게 지금 가장 잘 그리고 싶은 그림이 무엇인지 물었다. 헤일리는 집을 그리고 싶다고 했다. 그래서 헤일리가 그리고 싶은 집이 어떤 집인지 다시 물었다. 집의 크기, 모양, 심지어 창문의 개수까지 자세히 물었다. 나는 헤일리의 답을 들으며 헤일리가 그리고 싶어하는 집을 그려서 선물로 주었다. 그 뒤로 몇 달이 지났던 것 같다. 어느 날 헤일리가 나에게 편지 하나를 내밀었다. 그 편지 안에는 내가 그렸던 모양과 같은 집의 그림이 그려져 있었다. 그동안 얼마나 열심히 연습했는지 정말 똑같이 그려져 있었다. 나는 헤일리를 꼭 안아주며 너무 잘 그렸다고 칭찬해주었다. 포기하지 않고 열심히 연습한 모습이 참 기특했다.

흔히 아이들을 움직여 무언가를 하게 만들려면 즉각적인 보상을 해주어야 한다고 생각한다. 예를 들어 약속을 지키면 스티커를 주거나, 사탕을 주는 것과 같은 보상을 말하는 것이다. 물론 이런 보상은 아이들을 쉽게 움직이게 한다. 하지만 지속해서 아이들을 움직이게 하려면 이런 물질적인 보상만으론 힘들다. 오래도록 아이들이 꾸준히 하는 것을 바란다면 스스로 성취감을 느끼게 해주어야 한다. 헤일리가 꾸준히 그림 그리기를 연습해 집을 그리게 된 것처럼 말이다. 나는 이런 보상 방법을 이용하면 우리 반 아이들을 수업에 더 집중할 수 있게 만들 수 있지 않을까 생각하게 되었다.

큰 목표를 이룰 힘은, 작은 목표를 이룬 자신감에서 나온다

수업 전 우리 반 아이들은 글씨 쓰기를 했다. 마음을 차분히 하여 수업에 집중할 수 있게 하는 하나의 방법이었다. 꾸준한 노력으로 매일 조금씩 더 예쁘게 변해가는 글씨를 보며 아이들은 성취감을 느끼기 시작했다.

아이들의 글씨 쓰기가 점점 익숙해질 무렵 나에겐 새로운 목표가 생겼다. 연습장에만 연습하지 말고 매일 공부하는 책에도 예쁘게 글씨를 쓰게 하고 싶었다. 그래서 아이들에게 물었다. '오늘은 책에 글씨를 예쁘게 써 볼까요? 수업을 마치고 누구의 책에 글씨가 예쁘게 적혀 있는지 같이 확인해 봐요.' 아이들은 환호했다. 예쁜 글씨로 뽑힌 책의 주인에게 스티커를 주기로 했기 때문이다. 아이들은 수업 시간에 예쁜 글씨를 쓰기 위해 썼다 지우기를 반복했다. 수업 중간 나에게 자신들의 책을 보여주며 잘하고 있는지 확인도 했다. 그렇게 수업을 마치고 아이들의 책을 모두 펼쳐 확인하고 깜짝 놀랐다. 어제까지만 해도 무슨 단어인지 알아볼 수 없을 만큼 삐뚤빼뚤했던 아이들의 글씨가 몰라보게 달라졌기 때문이다. 칸에 맞춰 글을 썼을 뿐 아니라, 글자 하나하나가 바르게 적혀 있었다. 일곱 살 아이들이 썼다고는 믿기지 않을 만큼 글씨가 바르고 깨끗했다. 나는 반 아이들 모두에게 스티커를 주었다. 원래 약속 한 개수보다 더 주었다. 그리고 말했다.

"선생님은 여태껏 이렇게 글씨를 잘 쓴 일곱 살 어린이를 본 적이 없어요."

아이들은 굉장히 뿌듯해했다.

그다음 날 나는 글씨 쓰기에 대해 아무 말도 하지 않았다. 하지만 책 속의 가지런한 글씨가 아이들 눈을 사로잡았다. 전날 본인들이 썼던 글씨는 다시 보아도 너무 잘 쓴 글씨였다. 스티커를 주겠다는 약속은 없었지만, 아이들은 스스로 또다시 예쁘게 글씨를 썼다. 나는 이런 아이들의 책을 들고 교실 밖으로 나갔다. 복도에서부터 만나는 모든 선생님에게 큰소리로 우리 반 아이들은 이렇게 글씨도 잘 쓰는 아이들이라고 자랑했다. 물론 아이들이 나와 다른 선생님의 칭찬 소리를 잘 들을 수 있게 문은 활짝 열어놓았다. 그리고 다시 교실로 돌아와 전날보다 더 많은 스티커를 주었다. 아이들은 자신을 대견하게 생각하기 시작했다. 그렇게 시작된 바른 글씨 쓰기는 다음 날도 또 그다음 날에도 이어졌다. 서서히 아이들의 습관이 되어가고 있었다.

이 습관이 거의 만들어질 때쯤 나는 아이들에게 새로운 제안을 했다. 글씨를 예쁘게, 빨리 쓰는 아이에게 스티커를 주겠다고 했다. 누구 하나 싫다는 아이는 없었다. 오히려 눈빛이 이글이글 불타고 있었다. 수업이 시작되고 아이들은 글씨를 빠르고 예쁘게 쓰기 위해 온 신경을 집중했다. 어느 정도 시간이 지나자 아이들은 한 명씩 손을 들며 나를 불렀다. 글씨 쓰기가 끝났다는 신호다. 평소보다 두 배는 더 빠른 속도였다. 하지만 글씨는 여전히 바르고 정확했다.

또다시 해내는 아이들을 보면서 이번엔 문제를 하나도 틀리지 않고 푸는 것에 도전해보고 싶었다. 나의 예상보다 조금 빠른 도전이었다. 보통 읽기 수업은 그날 배울 내용에 관련된 지문을 읽고 그 지문에 관련된 문제를 푼다. 나는 지문을 아이들과 함께 읽으며, 내용을 충분히 이해할 수 있도록 설명해준다. 설명을 들은 아이들이 문제를 풀고 나면 나와 한 명씩 답을 확인하는데, 만일 틀린 부분이 있다면 빨간색 펜으로 틀린 부분을 정정해주고 다시 설명해준다. 그런데 이 과정 없이 한 번에 모두 맞는 답으로 문제를 풀어보자는 제안을 한 것이다. 즉, 빨간 표시 없는 책을 만들어보는 목표였다.

도전 첫날 준이가 가장 먼저 답을 적은 책을 가지고 나왔다. 그러나 준이의 기대와는 달리 빨간 펜을 표시해야 할 부분이 몇 군데 있었다. 나는 빨간 펜으로 책에 표시를 하려다 멈추고 아이에게 물었다. '이것과 이것의 답은 준이 쓴 것보다 더 어울리는 것이 있는데, 답을 선생님이 설명해줄까요? 아니면 준이 한 번 더 시도해볼래요?' 아이는 다시 한 번 해보고 싶다고 했다. 준이뿐 아니라 다른 아이들도 스스로 답을 다시 생각해 보겠다며, 확인을 받으러 나왔다가 돌아갔다. 그렇게 첫날 아이들은 빨간 펜 표시를 받지 않기 위해 나와 다섯 번도 더 확인했다. 이 수업이 하루이틀 계속 진행되면서 아이들은 나에게 확인받으러 나오기 전에 스스로 검토를 시작했다. 문제를 꼼꼼히 읽고 본인이 쓴 답을 다시 한 번 확인했다. 놀랍게도 도전한 지 일주일 만에 아이들은 빨간 표시 없는 책을 만들어 냈다.

나는 우리 반 아이들을 보면서 한 가지 고치고 싶은 점이 있었다. 그것은 아이들의 지나친 경쟁 심리였다. 경쟁 심리 때문에 아이들은 무엇이든지 늘 친구들보다 빨리하려고 했다. 꼼꼼하게 확인하는 습관이 부족했다.

나는 그것을 잡아주고 싶었다. 그래서 글씨 쓰기부터 시작했다. 바른 글씨를 쓰는 가장 짧은 목표로 시작했다. 그런 후 바른 글씨를 빠르게 쓰는 목표로 수정해 주었다. 그리고 마침내 경쟁을 위해 빠르게 문제를 풀어내는 것이 아닌, 문제 하나 답 하나 꼼꼼하게 확인할 수 있게 하는 최종 목표를 이뤄냈다. 만약 아이들에게 처음부터 문제를 하나도 틀리지 않게 해보자고 했다면 시도조차 힘들었을 것이다. 그러나 아이들에게 작은 목표를 먼저 도전하게 하여, 즉각적인 결과물을 안겨줌으로써 자신감을 심어주었다. 내가 어제는 이것을 못 했는데 오늘은 할 수 있게 되었다는 성취감을 느끼게 해주었다. 바로 이 성취감이 아이들의 목표를 이뤄 낼 수 있게 한 것이다.

아이들은 문제를 다 풀면, 선생님에게 문제를 다 풀었다고 알려준다. 그러면 선생님은 아이의 책을 확인하기 전, 아이가 쓴 답을 스스로 확인할 수 있도록 기회를 준다. 그 표현을 살펴보자.

Teacher, I'm finished!
선생님, 다 했어요.

Great job.
Please, double check your work for any mistakes.
잘했어요. 실수한 것은 없는지 한번 확인해볼래요?

04

머리로 배우는 아이
vs 몸으로 익히는 아이

—

Resolve to edge in a little reading every day, if it is but a single sentence.

If you gain fifteen minutes a day,

it will make itself felt at the end of the year.

한 문장이라도 매일 조금씩 읽으려고 마음먹어라.

하루 15분씩 시간을 내면 연말에는 변화가 느껴질 것이다.

– Horace Mann –

우리 반만의 특별한 포스터를 만들어보자

"애들아 이리 와봐! 우리가 벽에 붙어 있어."

"정말이네? 내가 고래랑 수영하고 있어."

"아아, 안 돼! 나는 악어한테 잡아먹히고 있어."

아이들은 교실 벽을 보며, 눈과 손을 바쁘게 움직였다. 본인과 친구들이 어디에 붙어 있는지 찾기 위해서다. 교실 벽에는 전지 크기의 동물 서식지 (Animal Habitats) 포스터가 붙어 있었는데, 지난 일주일 동안 친구들과 함께 만든 작품이었다. 아이들은 눈을 벽에 고정한 채 쉴 새 없이 이야기하고 있었다. 아침부터 즐거워하는 아이들의 얼굴을 보니 포스터 만들기를 잘했다는 생각이 들었다.

2주 전 아이들과 동물 서식지에 관해 공부를 시작했다. 어떤 종류의 동물들이 어떤 곳에서 사는지 알아보는 내용이었다. 서식지의 종류와 그곳에 사는 동물들의 종류까지 배워야 하는 내용의 양은 생각보다 많았다. 그래서 아이들과 책으로만 배우고 끝내기는 뭔가 아쉬웠다. 아이들에게 최대한 책에서 다루고 있는 내용을 쉽고 자세히 알려주고 싶었다. 아이들이 오래 기억하길 바랐다. 그래서 무슨 방법이 없을까 생각하다 동물 서식지 포스터를 만들기로 했다. 아이들에게 의견을 물었다. 글씨도 쓰고, 그림도 그리고 색칠해서 포스터를 만들자고 했더니 너무나 좋아했다.

먼저 아이들과 책에서 배운 내용을 정리했다. 정리된 내용은 원어민 선생님이 다듬어서 아이들에게 다시 돌려주었다. 아이들은 준비된 종이에 이 내용을 정성스럽게 옮겨 적었다. 색색별로 예쁘게 글씨를 적었다. 아이들이 글씨를 쓰는 동안, 나는 포스터에 들어갈 아이들을 촬영했다. 서식지별로 해당 동물과 이야기를 만드는 아이들의 사진을 넣기 위해서였다. 아이들이 서식지마다 등장하는 본인들의 모습을 보면 이 내용을 오랫동안 기억하지 않을까 생각했다.

두 명씩 짝을 지어 사진을 찍었다. 열대우림 서식지를 대표하는 아이들은 악어에게 잡아먹히기 직전의 모습을, 바다 서식지를 대표하는 아이들은 고래와 수영하는 모습을, 사막 서식지를 대표하는 아이들은 낙타와 함께 사막을 걸으며 태양을 피하는 모습 등 최대한 역동적인 사진을 찍으려 노력했다. 내가 머릿속에 그리고 있는 모습을 아이들에게 설명하기 위해 포즈를 만들어 보여주었다. 아이들은 내가 보여준 포즈를 따라하며 하하호호 끊임없이 웃었다.

　포스터 만들기를 본격적으로 시작하면서 수업이 끝나고도 일주일간 나는 부지런히 움직여야만 했다. 아이들이 정성스럽게 쓴 글씨와 열심히 색칠한 동물들을 자르고, 아이들을 찍은 사진을 포토샵으로 수정했다. 이것들을 하나씩 전지 위에 올려놓고 구도를 잡고 각 서식지의 제목을 만들어 전체 위치를 잡은 후 하나씩 붙여가기 시작했다. 한 부분씩 완성될 때마다 머릿속에서 생각했던 것보다 멋지게 나오는 결과물에 더 힘이 났다. 마침내 우리 반만의 특별한 포스터가 완성되었다. 완성하고 보니 아이들이 쓴 글씨가 더 빛을 발했다. 얼마나 글씨를 정갈하게 잘 썼는지 멀리서도 아이들의 글이 한눈에 들어왔다.

　아이들은 이 포스터를 수시로 보러왔다. 내가 왜 이 서식지에서 이 포즈를 취하고 사진을 찍었는지 쉴 새 없이 설명했다. 아이들은 직접 쓴 서식지 설명을 보고 또 보면서 내용을 외우기 시작했다. 그렇게 아이들은 수업이 끝났어도 끊임없이 동물 서식지를 복습하게 되었다.

　어느 정도 시간이 지나자 아이들은 포스터를 보지 않고도 동물 서식지에 관한 설명을 해내기 시작했다. 포스터에 있던 친구들의 사진을 떠올리며, 서식지별로 구분된 환경과 그 환경에 사는 동물에 관한 설명을 줄줄 말하기 시작했다. 심지어는 누가 어떤 서식지의 설명을 적었는지, 서식지별로 나눈 동물은 어떻게 색칠했는지까지 말하기도 했다. 아이들 머릿속에 동물 서식지에 관한 전체 그림이 사진으로 찍힌 것이다. 책으로만 공부하고 끝났으면 기억되지 않았을 내용이었다. 하지만 매일 교실에서 보고 내가 그 안에서 무엇을 하고 있었는지 생각하는 과정에서, 아이들은 이것을 자세히 그리고 오래 기억하게 된 것이다. 2학기가 시작될 때쯤 만들었던 이 포스터는 아이들이 졸업하는 순간까지도 입에 오르내렸다.

새로운 단어를 학습하고 정확하게 사용하게 되는 과정

킴이라는 아이가 있었다. 수업 시간 중 원어민 선생님이 킴에게 'You were very lucky.' (운이 좋았어!)라고 했다. 이때 한창 아이들이 장난꾸러기라는 의미로 'naughty'라는 단어를 사용하고 있을 때였다. 그래서 아이는 'lucky'라는 단어도 이와 비슷한 뜻이라고 생각했다. 그래서 원어민 선생님에게 'lucky'가 무슨 의미인지 물었다. 원어민 선생님은 운이 좋다는 뜻이라고 설명해주었다. 그제야 아이는 웃으며 이해했다고 말했다.

하지만 단어의 뜻을 이해했다고 해서 킴이 이 단어를 완전히 안다고 할 수는 없었다. 단어의 뜻만 확인했다는 것이 더 정확했다. 킴은 도서관에서 책을 읽으며 이 단어를 다시 만났다. 이 단어를 어디서 들었던 것 같다는 생각을 떠올리며 책을 계속 읽어갔다. 정확히 무슨 뜻인지 기억나지 않았지만, 책을 읽으면서 대충 의미를 짐작할 수 있었다. 그러다 문득 원어민 선생님이 사용한 단어라는 것을 생각하고 다시 그 상황을 떠올렸다. 그러면서 킴은 단어를 기억하기 시작했다. 마침내 친구들이 이 단어를 사용하는 것을 듣게 되면서, 어떤 상황에서 쓰게 되는지 머릿속으로 정리할 수 있었다. 드디어 킴도 단어를 사용할 수 있게 된 것이다. 하지만 처음엔 이 단어를 맞게 사용하지 못했기 때문에 계속해서 이 단어를 여러 상황에 써보는 연습을 했다. 그러다 결국 정확하게 사용하게 되던 날 킴은 이렇게 말했다. 'Teacher, I was lucky. Because my mom gave me six ice cream.' (선생님, 어제 저는 운이 좋았어요. 엄마가 저에게 아이스크림 여섯 개를 주셨거든요.) 킴의 문장은 정확했다.

영어를 머리로 배운다면 그 내용은 머릿속에만 있게 된다. 배운 영어를 밖으로 끄집어내려면 사용을 해봐야 한다. 어떤 방법이 되었건 본인이 직접 사용해야 오래 기억에 남는다. 영어는 언어이기 때문이다. 사용을 위해 배우는 것이므로 직접 사용을 해봐야 그 진가가 발휘된다. 킴처럼 틀리거나 조금 어색해도 끊임없이 말해봐야 한다. 그래야 정확하게 사용되는 상황이 이해되고 마침내 그 상황이 되면 말을 할 수 있게 되는 것이다.

우리 반 아이들이 초등학교에 들어가서 동물 서식지에 관한 내용을 다시 배우게 된다면 나와 함께 만들었던 포스터가 떠오를 것이다. 아이들이 그 안에 들어갈 내용을 직접 정리하고, 색칠하고, 같이 사진까지 찍었기 때문이다. 많은 시간 동안 반복해서 보고 읽는 과정을 거친 아이들에게 이 내용은 하나의 그림으로 남게 되는 것이다.

유치원에서 영어로 말하는 아이들은 가끔 마음이 급하다. 빨리 이 재미 있는 이야기를 해주고 싶은데, 도무지 이 한글 단어가 영어로 뭔지 생각 이 안 난다. 그럴 때 아이들 스스로 그 한글 단어가 어떤 영어 단어인지 알고 싶을 때 물어보는 표현이다.

Teacher, what is (this word) in English?

선생님, (이 단어)는 영어로 어떻게 말해요?

Let's figure it out together.

Can you describe the word?

우리 함께 알아봐요. 무슨 단어인지 설명해줄 수 있어요?

05

영어를 따로 공부하지 않는 방법

—

They say that time changes things,
but you actually have to change them yourself.
사람들은 시간이 뭔가를 변화시킨다고 말하지만
실제로는 당신 스스로가 뭔가를 변화시켜야 합니다.

– Andy Warhol –

아이들에게 영어 노래를 가르쳐 주는 방법

영어유치원 1년 차로 입학한 아이들 반에서 내가 꼭 알려주는 노래가 있다. 바로 '요일과 달, 그리고 숫자' 노래다. 1년 동안 아이들이 많이 사용하게 되는 내용이라, 쉽고 재미있게 익힐 수 있도록 노래를 이용하는 것이다. 게다가 노래가 주는 힘을 이용하면 지루하지 않게 반복을 많이 할 수도 있다.

나는 아이들에게 동요만 가르치지 않는다. 팝송도 종종 가르치는데,

아이들이 배워도 좋을 멋진 노래가 많기 때문이다. 그중 마이클 잭슨의 'Heal the world'를 아이들에게 가르친 적이 있다. 노래의 가사가 아름답고 따라 부르기에 어렵지 않을 것 같다고 생각했다. 하지만 야심차게 첫 소절을 시작하고 알게 되었다. '아! 다른 노래보다 연습 기간이 더 길어지 겠구나!'

내가 아이들과 노래를 연습하는 방법은 이렇다. 먼저 아이들에게 아무 정보 없이 노래를 처음부터 끝까지 들려준다. 아이들은 처음 듣는 노래여도 계속 반복되는 후렴 부분의 멜로디 때문에 어느새 자연스럽게 노래를 흥얼거린다. 이때 후렴 부분 가사 한두 문장을 알려준다. 그러면 아이들은 빠르게 따라 한다. 성인처럼 글자를 보면서 외우려고 하지 않는다. 귀로 듣는 것만으로 가사와 멜로디를 정확하게 기억한다. 아이들이 후렴 부분을 알게 되면 다시 앞으로 돌아온다. 노래의 앞부분을 들려준 후 한 문장씩 끊어서 알려준다. 노래를 눈이 아닌 머릿속에 넣고 보게 하는 것이다. 우리가 보기에는 이것이 어려워 보여도 아이들은 쉽게 해낸다. 한 번 연습 때 한두 문장만 천천히 따라 하며 반복한다. 이때 연습 시간은 5분을 넘기지 않게 하는데 그 이유는 아이들의 집중력이 오래가지 않기 때문이다. 그래서 수업이 일찍 끝나면 남은 시간을 활용하거나, 아이들이 간식 먹는 시간을 이용해 연습하곤 했다.

문장을 하나씩 배우다가 어느 정도 앞부분을 다 알게 되면, 노래를 처음부터 끝까지 다시 들어본다. 그러면 앞부분에서 반복되는 문장을 노래

중간이나 마지막에 발견하게 된다. 그 문장들이 들어가 있는 부분을 중심으로 노래를 다시 연습한다. 처음부터 끝까지 순서대로 연습하지 않는다. 처음에는 나도 아이들과 노래의 첫 부분부터 연습했었다. 그런데 아이들이 자신 있어 하는 부분은 항상 따로 있었다. 같은 노래여도 부르고 싶어 하는 부분이 달랐다. 하지만 후렴 부분은 거의 모든 아이가 좋아했다. 그래서 좋아하는 부분부터 시작하게 되다 보니 이런 방법이 탄생한 것이다. 이 방법은 꽤 효과적이라 팝송뿐 아이라 동요도 종종 이렇게 연습하곤 했다.

아이들이 마침내 노래를 80% 정도 익히면 동작을 가르친다. 가만히 서서 노래 부르면 심심해 보이기 때문에 동작하는 것이 아니다. 아이들이 동작을 통해 가사를 더 잘 기억하게 만들기 위함이다. 그래서 동작들은 최대한 단순하고 기억하기 쉬운 것들로만 만든다. 가사를 기억하기 위해 동작을 만들었는데, 동작이 어려워 그것을 생각하느라 가사를 잊어버리면 곤란하기 때문이다. 동작과 함께 연습한 노래는 오랫동안 아이들 기억에 남는다.

최고의 영어 선생님은 아이의 호기심이다

수업이 한창이었다. 주인공이 거짓말을 하여 벌어진 일을 함께 읽고 토론하는 시간이었다. 읽기 지문의 마지막에 거짓말하면 안 된다는 교훈이 있어 한창 예시를 설명하고 있었다. 그때 리사가 조용히 손을 들고 말했다.

"선생님, 근데 로버트 선생님이 저희에게 자꾸 거짓말해요. 거짓말은 나쁜 건데."

"네? 선생님이 거짓말을 했어요?"

"네, 선생님이 아프리카가 엄청 춥데요. 아프리카에도 한국처럼 겨울이 있다고 했어요."

"네? 그건 거짓말이 아닌데요? 정말 아프리카에도 추운 겨울이 있어요."

나는 아이들에게 웃으며 말했다. 리사는 점점 커지는 눈으로 나를 바라봤다. 믿을 수 없다는 것이었다. 그런 리사와 아이들을 위해 세계지도를 화면에 띄웠다. 아프리카가 어디에 있는지 함께 찾았다. 아프리카 중에서도 남아프리카 공화국을 크게 확대하여, 남아프리카 공화국이 왜 남아프리카라는 이름을 가지게 되었는지 지도를 보며 설명했다. 남쪽에 위치하여 붙은 이름이라고 하니, 아이들은 '아, 그렇구나!' 하며 고개를 끄덕였다. 또 지도에 있는 아프리카의 크기와 대한민국의 크기를 비교해주자 아이들은 그 크기에 놀라워했다. 리사가 질문한 아프리카에도 계절이 있다는 사실을 보여주기 위해, 실제 내가 남아프리카 공화국을 방문했을 때 찍은 사진을 보여주었다. 당시 겨울로 넘어가는 늦가을 날씨여서 사진 속 나는 옷을 제법 두툼하게 입고 있었다. 아이들은 그제야 믿는다는 눈빛을 나에게 보냈다.

남아프리카를 알려주면서 불현듯 뮤지컬 〈라이온 킹〉이 떠올랐다. 이 뮤지컬의 너무도 유명한 첫 대사가 줄루족이 쓰는 아프리카 언어이기 때문이다. 남아프리카 공화국에는 총 11개의 공식 언어가 있는데 줄루어가 그중 하나라고 알려주면서, 아이들에게 뮤지컬 도입부를 보여주었다. 11개나 되는 아프리카 언어는 모두 다 달라서, 다른 아프리카 언어를 사용하면 같은 남아프리카공화국 사람일지라도 그 말을 이해할 수 없다고도 알려주었다. 그러자 아이들은 만일 그런 경우 서로 어떻게 의사소통을 하는지 물었고, 나는 11개의 공식 언어 중 하나인 영어를 사용해 다른 지역 사람들과 소통한다고 말해주었다. 우리가 지금 유치원에서 한국어와 영어를 동시에 배우는 것처럼, 남아프리카 아이들도 어릴 때부터 영어와 그 지역의 아프리카 언어 두 개를 동시에 배운다고 알려주었다. 아이들은 이 사실을 너무 신기해하며 끊임없이 남아프리카 공화국에 대해 질문을 했다.

내가 관심이 있는 부분을 알아갈 때 우리는 재미를 느낀다. 한번 재미를 느끼게 되면 시간 가는 줄 모르고 빠져든다. 아이들도 마찬가지다. 호기심으로 새로운 내용을 알아가는 과정을 공부라고 생각하지 않는다. 그저 그 과정을 순수하게 즐길 뿐이다. 우리 반 아이들이 남아프리카에 관심을 가진 것은 영어 공부를 더 잘하고 싶은 목표가 아니었다. 단지 아이들의 원어민 선생님이 남아프리카 사람이었기 때문이다. 그 선생님이 태어난 나라가 아이들과 같은 한국이 아니었기 때문에 호기심을 불러온 것이다. 남아프리카공화국의 문화는 영국의 영향을 받았기 때문에, 아이들은 선생님 나라의 문화를 알아가는 과정에서 그들이 쓰는 영어를 자연스럽게 사용했다. 영어 실력을 올리기 위해 영어권 문화를 공부한 것이 아니라, 새로운 문화를 알고자 하는 과정에서 자연스럽게 영어를 사용하게 된 것이다.

선생님도 아이들도 아침만 되면 오늘은 무슨 요일인지 궁금해진다. 질문이 어렵지 않으니 한번 연습해보자. 더불어 월요일부터 일요일까지의 영어 단어도 기억해 연습해보자.

Teacher, what day is it?
선생님, 오늘 무슨 요일이에요?

It's Monday.
오늘은 월요일이에요.

06 아이들에게 좋은 질문을 던지자

—

Do the one thing you think you cannot do. Fail at it. Try again.
Do better the second time. The only people who never tumble are
those who never mount the high wire. This is your moment. Own it.
할 수 없을 것 같은 일을 해보세요. 실패해보세요. 다시 도전해보세요. 더 잘해보세요.
넘어져본 적이 없는 사람은 단지 위험을 감수해본 적이 없는 사람입니다.
이제 여러분 차례입니다. 이 순간을 자신의 것으로 만드세요.

– Oprah Winfrey –

아이에게 원하는 답을 얻어내는 질문법

"진아, 오늘 유치원에서 뭐 했어?"

"응, 수업하고 또 친구들이랑 놀았어."

"뭐 하고 놀았는데?"

"음, 이것저것 했어. 기억 안 나."

"왜 기억이 안 나?"

"몰라, 기억이 안 나."

오늘도 유치원에서 돌아온 아이와 이런 대화를 하고 있을지 모르겠다. 엄마는 궁금해서 물어봤겠지만 아이는 친절하게 대답해주지 않는다. 속상한 마음으로 아이의 친구 엄마에게 하소연해보지만, 그 아이도 역시 말을 잘해주지 않는다는 말을 듣게 된다. 그러면 이 나이 때 아이들은 원래 이야기를 잘 안 하는 것으로 결론을 낸다. 물론 그럴 수도 있겠지만, 유치원에서 일어난 일을 미주알고주알 이야기하는 아이가 꼭 한 명씩 있기 마련이다. 왜 그럴까? 그 아이가 워낙 말하는 것을 좋아하기 때문일 수도 있지만, 부모의 질문 방법 때문일 수도 있다. 설명을 잘하는 아이를 보면 그 설명을 끌어내기 위한 부모의 질문 방식이 조금 다른 것을 알 수 있다.

질문의 가장 중요한 핵심은 동사이다. 질문 안에 어떤 동사를 사용하느냐에 따라 상대방의 답변은 달라진다. yes, no로만 답할 수 있는 질문을 하면, 당연히 yes, no의 답을 듣게 되는 것이다.

위의 대화를 다시 확인해보자.

"진아, 오늘 유치원에서 뭐 했어?" 뭐라는 질문이 구체적이지 않다.

"응, 수업하고 또 친구들이랑 놀았어." 자세한 답이 아닌, 포괄적인 답을 말한다.

"뭐 하고 놀았는데?" 꼬리 질문이 구체적이지 않다.

"음, 이것저것 했어. 기억 안 나." 답을 말해야 하는 범위가 넓다.

"왜 기억이 안 나?" 왜라는 질문의 부연 설명이 없다.

"몰라, 기억이 안 나." 왜라는 질문의 답을 찾지 못한다.

만약 여기서 몇 개의 동사를 바꿔서 질문한다면 아이의 답은 달라질 것이다.

"진아, 오늘 유치원에서 어떤 친구가 제일 재미있는 말을 했어?"

"응, 안드리아가 엄청나게 웃긴 얘기를 했어. 읽기 시간이었는데, 거기에 돼지가 나왔거든. 안드리아가 돼지 흉내를 냈는데 정말 재미있었어."

"우와. 엄마도 궁금하다. 읽기 수업 때 어떤 이야기를 배웠는데?"

"음, 아기 돼지 삼 형제 이야기였는데, 저번에 엄마가 읽어줬잖아."

"아, 엄마도 기억나. 진이가 셋째 돼지를 가장 좋아했지?"

"응, 근데 선생님도 셋째 돼지가 가장 좋다고 하셨어."

부모들은 아이들에게 무엇을 했는지 많이 묻는다. 그런데 무엇이라는 단어는 답하기 너무 어렵다. 질문을 듣는 순간 많은 답이 떠오르거나 또는 아무 생각이 나지 않을 수 있기 때문이다. 그렇기 때문에 정확하게 답할 수 있는 동사를 넣어 질문해야 한다. 만약 부모가 궁금한 수업에 대해 듣고 싶다면, 그 수업 시간에 아이의 가장 친한 친구가 무엇을 했는지 물어보면 된다. 그러면 아이는 친구가 한 일뿐 아니라, 그 수업의 내용까지 자세히 설명해준다. 유치원에서 아이에게 가장 많은 영향을 주는 사람이 바로 친구이기 때문이다. 아이들은 늘 친구를 관찰한다. 관찰하며 많은 정보를 시시때때로 수집하기 때문에, 친구에 대해 질문하면 기억나는 것이 많아 말할 거리가 많아지는 것이다.

꼬리에 꼬리를 무는 꼬리 질문

아이에게 질문했다면, 이제는 아이의 답을 잘 기억해야 한다. 그 답으로 질문을 만들면 더 자세한 답을 들을 수 있기 때문이다. 이것을 'Follow on questions'이라고 부른다. 질문에 대한 답을 듣고 그 답에 관한 질문을 하는 것이다. 나는 편하게 꼬리 질문이라고 부르는데, 이 질문을 시작하려면 우선 생각해야 하는 것이 몇 개 있다. 바로 육하원칙이라고 부르는 5W1H이다. when, what, where, who, why, how 여기에 Have you~? 로 시작하는 것까지 포함하면 더 좋다. 이 꼬리 질문도 마찬가지로 아이가 단답형으로 대답할 수 있게 만들지 않는 것이 좋다. 대화를 하나 예로 들어보자.

"What did you make in science today?"

(오늘 과학 시간에 뭐 만들었어요?)

"A bus." (버스를 만들었어요.)

"What kind of bus?" (어떤 버스였는데요?)

"A paper bus." (종이로 만든 버스였어요.)

"What makes this bus special?"

(이 버스를 특별하게 만든 것이 있나요?)

"We used elastic bands to make it move."

(우리가 고무줄을 이용해서 버스를 움직이게 한 것이에요.)

"Wow, did it work?" (우와, 정말 버스가 움직였어요?)

"Yes, I had a race with Becky and……"

(네, 이 버스로 베키와 경기를 펼쳤는데……)

이 대화의 끝은 결국 아이가 얼마나 신나게 놀게 되었는지 설명하는 것으로 끝날 것이다. 이유는 적절한 꼬리 질문으로 아이에게 듣고자 하는 답을 유도했기 때문이다. 꼬리 질문을 하는 이유는 아이에게 말할 거리를 제공하기 위해서다. 무엇을 말해야 할지 모르는 아이에게 쉽게 답을 찾을 수 있게끔 선택의 폭을 좁혀주는 것이다. 만약 이 질문의 시작이 'What did you do?'로 시작되었다면 금방 대화가 끝났을 것이다. do 동사가 지칭하는 것이 너무 광범위하기 때문이다. 예시처럼 do 동사 대신 make라는 동사를 사용해 아이에게 답변의 폭을 줄여 줘보자. 또 가능하다면 첫 질문에 들어 있는 in science와 같은 부가설명도 넣어 질문해보자. 아이와의 대화가 보다 쉬워지고 빨라지며 자세해진다.

아이들에게 질문할 때는 부모 입장에서 질문하면 안 된다. 답하는 아이의 입장에서 질문해야 한다. 아이가 질문을 듣고 쉽게 답을 떠올릴 수 있게 만들어야 한다. 이 과정을 거쳐 질문에 답하는 연습을 하다 보면 아이들의 말하기 실력이 올라간다. 생각을 정리하는 능력도 올라간다. 그러다 보면 답만 계속하던 아이들이 어느 순간 질문을 만들어 내기도 한다.

우리는 종종 외국인을 만나 대화할 때, 예상보다 대화가 툭툭 끊기는 경험을 한다. 그 사람에게 호감이 있어 이것저것 묻고 싶은데, 그 질문을 어떻게 만들어야 하는지 도무지 모르는 것이다. 그것은 우리의 영어 실력이 부족하기보단 질문하는 연습을 많이 안 해봤기 때문이라고 생각한다. 만약 내 영어 실력이 정말 부족하다면 상대방이 하는 말을 하나도 못 알아들어야 한다. 하지만 우리는 상대방이 무슨 말을 하는지 알아듣고 답도 한다. 결국 영어 실력의 문제가 아니라는 것이다. 상대방과의 대화를 이어가기 위한 질문을 못 만드는 것이 문제이다. 그래서 꼬리 질문으로 대화하는 연습이 중요하다. 그러니 틈틈이 가정에서 아이와 꼬리 질문 대화를 연습해보길 바란다. 이 연습을 하다 보면 영어 말하기 실력이 빠르게 느는 것을 확인할 수 있을 것이다.

아이들은 수업하는 중에도, 다음 수업 시간에 무엇을 하게 되는지 너무 궁금하다. 특히 아이들이 좋아하는 과학 시간이 다가오면, 무엇을 만들게 되는지 매주 빠지지 않고 질문한다.

Teacher, what are we going to do
in science class tomorrow?
선생님, 내일 과학 시간에 뭐해요?

We are going to make a car
that is powered by elastic bands.
우리는 고무줄로 움직이는 자동차를 만들 거예요.

07 영어 엔도르핀을 높이는 특별한 습관

—

Tomorrow hopes we have learned something from yesterday.

내일은 우리가 어제로부터 뭔가를 배우길 바라고 있다.

– John Wayne –

성취감과 쾌감을 느껴야 한다

공부는 고통을 동반하는 행위다. 모든 사람이 그렇지는 않겠지만 대부분 사람이 공부를 즐기진 않을 것 같다. 특히 시험 준비를 하고 있을 때, 얼른 이 순간이 지나가길 바라는 것은 비단 나뿐만이 아닐 것이다.

아이들이 영어를 배울 때도 마찬가지다. 언제까지 놀이로만 영어를 배우지 않는다. 빠르게는 유치부부터 혹은 초등부를 시작하면서 부터 영어를 공부로 대하기 시작한다. 책상 앞에 앉아 수업하며 숙제를 한다. 이때 내가 배운 것을 스스로 정리하는 과정을 거치게 되면서 영어가 싫어지게 되는 아이도 있고, 반대로 좋아지게 되는 아이도 있다. 그 차이는 바로 공부를 하는 과정에서 쾌감을 느꼈느냐 느끼지 못했느냐에 따라 나타난다. 만일 아이들이 공부를 통해 성취감과 쾌감을 느끼게 되면, 즐겁게 놀이하듯 공부하기를 멈추지 않는다. 왜냐면 그 감정들이 뇌 속에서 공부를 좋아하는 것으로 분류하기 때문이다. 좋아하는 것을 하게 되면, 아무리 어렵고 오래 걸려도 끝까지 해내고 싶은 마음이 든다. 그 과정이 힘들고 고통스러울 지라도 그 끝에서 맛보는 성취감이 모든 것을 보상해주기 때문이다. 그동안 나는 아이들에게 어떻게 하면 성취감을 맛보게 해줄 수 있을지 다양한 방법을 고민했다. 그러다가 아이들에게 성취감을 끌어내는 가장 효과적인 방법을 찾아낼 수 있었다.

그것은 놀랍게도 숙제하기였다.

아이들 스스로 숙제를 해내는 일곱 가지 마법 같은 방법

나는 아이들이 숙제하는 것을 힘든 일이라고 생각하지 않았으면 했다. 어려운 일이 아니라, 내가 시간만 조금 들이면 충분히 해낼 수 있는 일이라고 알려주고 싶었다. 그래서 아이들이 스스로 숙제할 방법을 고민했고, 마침내 찾게 되었다. 그런데 이 방법은 아이들 혼자는 할 수 없다. 부모의 도움이 절대적으로 필요하다. 습관을 만들어가는 과정이기 때문이다. 그렇다고 오래 걸리지도 않는다. 딱 일주일! 일주일만 제대로 실천한다면, 아이들은 스스로 숙제를 해낼 수 있게 된다.

지금 그 일곱 가지 방법들을 소개한다.

첫째, 숙제는 집에 도착하는 즉시 시작한다.

아이의 뇌가 수업 시간에 배운 것을 가장 많이 기억하고 있을 때가 바로 집에 도착하는 순간이다. 그 시간을 이용하면 숙제를 더 쉽게 할 수 있다. 기억나는 것이 많기 때문이다. 이때 숙제를 하게 되면 단기기억으로 저장되었던 수업 내용이 장기기억으로 넘어간다. 수업의 내용을 더 오래 기억하게 되는 것이다. 집에 도착한 후 아이가 그동안 해왔던 습관들이 있을 것이다. 책을 읽을 수도 있고, 부모와 대화를 하는 것일 수도 있다. 아이에게 숙제 습관이 생기게 되는 일주일 동안만 잠시 뒤로 밀어두자. 집에 도착하면 숙제를 먼저 시작하는 것을 새로운 습관을 만들어야 한다.

둘째, 숙제는 책상 앞에 앉아서 한다.

아직은 아이가 어려서 책상이 없을 수 있다. 또 집에 오면 책상 앞에 절대 앉지 않겠다는 아이도 있다. 만약 아이에게 책상이 없다면 식탁도 좋고 낮은 테이블도 괜찮다. 책상을 대신할 수 있으면 된다. 단, 바닥에 엎드려 숙제하는 것이 아닌 의자에 똑바로 앉아 할 수 있어야 한다. 또 집에서 아이가 절대 책상 앞에 앉지 않으려고 한다면, 책상의 위치를 바꾸거나 책상 위를 깨끗이 치워보자. 그런 후 아이가 집에 돌아오면 유치원 가방을 책상

위로 올려놓는 간단한 것부터 시작하게 해주자. 책상을 낯설어하는 아이게 책상과 친해질 수 있는 시간을 먼저 주는 것이다. 어느 정도 시간이 지나면 아이가 책상에서 숙제를 조금씩 할 수 있도록 도와주자. 그렇게 매일 조금씩 시간을 늘려간다면 어느새 아이도 책상에서 숙제하게 된다.

셋째, 타이머로 시간을 알려준다.

유치원마다 혹은 또 반마다 다르겠지만, 보통 아이들 숙제는 집중해서 15분만 하면 된다. 하지만 가정에서 아이들을 보면 두 시간이 지나도 숙제를 끝내지 못한다. 그것은 수업 후 숙제하기까지 시간이 많이 지나 수업 내용이 기억이 나지 않고 집중이 되지 않기 때문이다. 당연히 숙제를 계속 붙잡고 있을 수밖에 없다. 그래서 타이머가 필요하다. 아이가 숙제를 시작하기 전 미리 타이머를 맞춘다. 그리고 소리가 울리기 전에 숙제를 마치면 된다고 알려준다. 이때 타이머는 부모가 가지고 있어야 한다. 아이들이 무의식중 타이머를 만지며 놀 수 있기 때문이다. 숙제가 시작되면 아이에게 5분 단위로 시간을 알려준다. 그러면 아이들은 15분이라는 목표 안에 끝내기 위해 집중하여 시간 안에 숙제를 마치게 된다.

넷째, 아이가 숙제하는 시간에 부모도 공부하거나 책을 읽어라.

아이는 숙제하겠다고 자리에 앉았는데, 부모가 거실에서 혹은 방에서

TV를 보는 경우가 꽤 있다. 나의 고3 시절을 떠올려보자. 작은 소리에도 얼마나 예민했는지 말이다. 처음 숙제라는 것을 혼자 해보는 아이들도 마찬가지다. 작은 소리에도 금방 집중력이 깨진다. 그러니 TV뿐 아니라, 설거지 같은 집안일을 하는 소리도 내지 않게 조심하면 좋다. 가장 좋은 방법은 아이가 숙제할 때 부모도 보이는 곳에서 책을 읽거나 공부를 하는 것이다. 아이가 나 혼자 공부하는 것이 아니라는 느낌을 받아 더 편안하게 숙제에 집중하기 때문이다.

다섯째, 아이의 질문에 대신 답해주지 마라.

아이가 숙제하다 모르겠다고 부모에게 도움을 요청하는 경우가 있다. 그러면 도움을 주기 전, 아이가 무엇을 질문하고 있는지 먼저 파악해야 한다. 문제의 질문을 모르겠다는 것인지 답을 모르겠다는 것인지 확인해야 한다. 문제의 질문을 모르겠다고 하면 아이와 천천히 같이 읽어보자. 문제를 다시 읽는 것만으로 아이 스스로 이해하는 경우가 많기 때문이다. 그런데도 아이가 질문을 이해 못 하겠다고 하면 질문이 무엇인지만 알려준다. 절대 답을 알려주지 않아야 한다. 답을 알려주는 순간 아이의 숙제는 부모의 숙제로 바뀌게 된다. 또 아이의 선생님은 아이가 무엇을 정확히 알고 있는지 파악할 기회를 잃게 된다. 만약 아이가 답을 모르겠다고 하면 별 모양을 책에 그리고, 선생님에게 메모를 남겨놓는 것으로 끝내는 것이 좋다.

여섯째, 숙제가 끝나면 부모와 아이가 책을 같이 확인한다.

가장 중요한 부분이다. 아이가 숙제를 마쳤다고 말하면 부모님들은 보통 '잘했어' 라며 칭찬하고 숙제를 확인하지 않는다. 하지만 칭찬과 더불어 아이에게 숙제가 무엇이었는지 묻고, 그 숙제를 다 했는지 같이 확인해야 하는 작업을 반드시 거쳐야 한다. 그 이유는 숙제를 하다가 중간에 빼먹는 부분이 생길 수도 있고, 엉뚱한 부분을 해놓는 경우도 있기 때문이다. 부모가 아이와 함께 숙제를 확인하면서 아이에게 다시 알려주는 작업이 필요하다. 숙제의 끝은 부모가 아이와 함께 제대로 끝마쳤는지 책을 확인하는 것으로 마무리 해야한다.

일곱째, 숙제를 끝마친 아이에게 적절한 칭찬을 해주자.

오늘따라 힘든 숙제를 할 때도 있고, 새로 배운 내용에 관한 숙제를 할 때도 있다. 아이와 숙제를 같이 확인하며 칭찬할 내용을 생각한다. 그리고 아이에게 적절한 칭찬을 해주어야 한다. '오늘 이 숙제는 엄마가 봐도 너무 어려워 보이는 데 멋지게 해냈네?' 이 정도의 칭찬이면 충분하다. 그러면 아이는 부모가 묻지 않아도 유치원에서 배운 수업을 엄마에게 아빠에게 신나서 말할 것이다. 이야기하는 과정에서 수업 내용을 다시 떠올리며 복습하게 되는 것이다.

사실 아이들이 하는 숙제는 결코 쉽지 않다. 매일매일 새로운 내용을, 정말 많이 배우기 때문이다. 그래서 숙제를 통해 스스로 정리하는 시간을 꼭 거쳐야 한다. 현장에서 아이들을 가르치다 보면 이것만큼은 꼭 알고 넘어갔으면 하는 부분이 생긴다. 그러면 그 부분을 다양한 방법으로 설명한다. 필요하다면 수업 시간에 같이 연습도 해본다. 그런데도 부족한 부분이 생기기 때문에 숙제라는 것이 발생하는 것이다. 그런데 아이들이 이것을 또 하나의 새로운 것으로 받아들이게 되면 그때부터 숙제는 혼자 할 수 없는 것이 된다. 하지만 위의 방법으로 매일 숙제를 하면서 꾸준한 성취감을 느끼게 된다면, 아이들은 부모가 숙제하라는 말을 하지 않아도 스스로 하게 된다.

숙제를 확인하다 보면 가끔 문제가 풀려 있지 않는 곳을 발견한다. 왜 이 부분을 빠트렸는지 물어본다. 만약 뭘 써야 할지 몰라서 남겨놓았다면 이렇게 말해보자. 선생님은 항상 아이들을 도와주기 위해 준비되어 있다.

Why didn't you answer question number two?
숙제 2번은 왜 답을 적지 않았어요?

I'm not sure what to write.
Could you please help me?
뭘 써야 할지 몰라서요. 저 좀 도와주세요.

영어 책 읽기는 공부가 아닌 놀이이다

—

The future depends on what we do in he present.

미래는 지금 우리가 무엇을 하고 있는가에 달려 있다.

– Mahatma Gandhi –

책을 고르는 선택권은 아이에게 양보하자

나는 일주일에 한두 번 동네 도서관을 딸아이와 함께 간다. 개관한 지 얼마 안 된 도서관이라 빌려오는 책마다 거의 새 책이다. 게다가 아주 어린 아이들이 볼 수 있는 한글책과 영어책도 많이 있어 아이는 도서관에 가는 것을 너무나 좋아한다. 도서관에 도착하면 아이는 책을 고르느라 바쁘다. 두 살이 된 아이가 무슨 기준으로 책을 고를까 생각할 수도 있겠지만, 두 살이든 세 살이든 아이가 보고 싶은 책은 따로 있다. 그래서 나는 아이가 마음에 드는 것으로 고르게 두는 편이다. 아이에게 선택권을 주는 것이다. 물론 아이가 보기 힘든 얇은 책을 가지고 오면, 아이에게 설명하고 다른 책으로 바꿀 수 있게 이야기한다. 그런데도 아이가 그 책을 고집한다면 집에 와서 아이와 책을 읽을 때 내가 더 조심하는 것으로 마무리한다.

처음 도서관에 갔었을 때 아이는 어쩔 줄 몰라 했다. 무슨 책을 골라야 하는지 몰랐다. 주위에 책이 많으니 이것저것 손에 집히는 것을 다 꺼내보고 만져봤다. 그랬던 아이가 도서관을 다닌 지 두 달 정도 되자 변하기 시작했다. 더는 아무 책이나 꺼내고 만지지 않았다. 책을 눈으로 먼저 보며 고르기 시작했다.

이제는 아이가 어느 정도 일관성 있게 책을 골라서 가져온다. 본인이 넘기기 힘든 얇은 종이의 책이거나 크기가 커서 들기 힘든 큰 책은 가지고 오지 않는다. 직접 들고 보기에 적당한 무게와 크기의 책을 고른다. 또 책을 꺼내 책 안의 내용을 보고 선택한다. 그림을 보며 마음에 드는 동물이 있는지 보는 것이다. 또 팝업 책도 많이 가지고 오는데, 책을 펴면 그 안에 또 다른 책이 있는 것을 재미있어 한다.

도서관에 가기 전까지 집에서 아이가 읽던 책은 거의 평범한 디자인의 책이었다. 아이가 책을 보지 않고 잘 찢었기 때문에, 찢기 힘든 두꺼운 책으로 책장이 채워져 있었다. 그런데 도서관을 다니면서 아이가 변했다. 책을 다루는 태도가 달라졌다. 장난감처럼 던지고 찢으며 노는 것이 아니라, 펼쳐서 읽기 시작했다. 정확히 말하면 그림을 보기 시작했다. 그 그림을 보며 무슨 그림인지 맞히는 놀이를 좋아했다. 그래서 나는 책을 늘 보이는 곳에 두기 시작했다. 가지런히 책장에 꽂혀 있는 책을 소파 위에도 바닥 위에도 두었다. 아이가 자는 곳에는 늘 몇 권의 책이 손만 뻗으면 닿을 수 있게 놓았다. 언제든지 아이가 원할 때마다 책을 볼 수 있게 했다.

나는 아이에게 책을 먼저 읽어주지 않는다. 아이가 책을 집어 들고 읽어 달라고 부탁하면 읽어준다. 나도 그렇지만 아이도 책도 읽고 싶은 순간이 있다고 생각했다. 아무 때나 막 책을 읽고 싶진 않을 것 같았다. 그래서 아이가 스스로 읽고 싶어 하는 순간이 될 때까지 기다려줬다. 그리고 아이가 책을 읽어 달라고 하면 마음의 준비를 하고 시간을 확보했다. 한번 책을 꺼내오면 최소 열 번은 같은 책을 반복해서 읽어달라고 부탁하기 때문이다. 다행히 아이는 같은 책을 일주일 내내 읽지 않는다. 최소 하루에 다섯 권의 책을 돌아가며 읽기 때문에, 읽어주는 나도 조금 더 즐겁게 읽어줄 수 있었다.

시간이 지나면서, 아이가 빌려오는 책의 종류가 빠르게 바뀌었다. 보통은 그 주에 무엇을 새롭게 알게 되었는지에 따라 책을 선택했다. 얼마 전까지 아이는 정글에 관한 책을 계속 읽었다. 거기에 나오는 동물들이 내는 울음소리에 흥미를 보였다. 장난감을 가지고 놀다가도 책을 꺼내 동물 소리를 흉내 냈다. 영상을 볼 때도 책에 나오는 동물들의 울음소리를 주로 보게 되었다. 그렇게 책에 나오는 동물들을 하나씩 알게 되면서 부엉이의 존재도 처음 알게 되었다. 이 시기에 어즈본의 『Night Time』이라는 책도 함께 읽기 시작했는데, 이 책으로 아이의 책 읽기가 또 한 번 크게 바뀌었다.

눈 감고 책을 읽는 아이

이 책의 내용은 밤이 되면 낮에는 볼 수 없는 우리 주변의 일들을 보여준다. 밤이 되어 문을 닫은 베이커리 안에서 벌어지는 일. 깜깜해진 밤거리에 가로등이 환하게 켜지는 일. 밤에도 쉼 없이 달리는 기차 안의 모습 등 낮에는 볼 수 없는 밤의 이야기가 담겨 있다. 그중 밤이 되면 깨어나는 올빼미의 생활 내용이 책의 중간에 나오는데, 아이는 이 부분을 'owl page'라고 부른다. 처음 아이에게 이 책을 읽어줄 때는 처음부터 끝까지 다 읽어주었다. 매일매일 읽어 거의 백 번을 읽었던 것 같다. 그런데 어느 순간부터 아이는 책을 처음부터 읽어달라고 하지 않았다. 본인이 좋아하는 부분만 읽어달라고 했다. 그 부분이 바로 'owl page'다. 하루에도 몇 십 번을 이 부분만 읽어주었다. 그러고 나니 신기한 일이 일어났다.

어느 날 잠자리에 들기 전 또 아이가 이 책을 읽어달라고 했다. 자려고 이미 불을 꺼서 책이 보이지 않아 읽을 수가 없었다. 그래서 나는 아이를 눕혀놓고 책을 보지 않은 채 책의 내용을 말해주었다. 너무 많이 읽어서 외워졌기 때문에 굳이 책이 필요하지 않았다. 한 장씩 내 머릿속에 있는 책장을 넘기며 책을 읽어주기 시작했다. 불을 켜고 책을 꺼내 읽어달라고 할 줄 알았던 아이는 내 이야기를 가만히 듣고 있었다. 그리고는 갑자기 소리를 냈다. 나는 깜짝 놀랐다. 왜냐면 그 소리는 내가 책을 읽으며 알려준 소리였기 때문이다. 아이의 흥미를 끌기 위해 책을 읽어줄때 의성어를 많이 넣었는데, 책을 읽는 순간 아이가 그 소리를 내고 있었다. 장마다 다른 소리를 정확하게 내고 있었다. 첫 장을 읽어 줄 땐 잠을 이루지 못하고 울고 있는 아기의 그림을 보며 냈던 울음소리. 두 번째 장에선 베이커리 안에서 맛있게 만들어진 빵의 그림을 보고, 손으로 집어서 냠냠 먹는 소리. 또 그다음 장에선 나무에 앉아있는 올빼미가 우는 소리를 내고 있었다. 아이는 천장을 보고 누워 내가 말하는 책의 내용을 들으며, 머릿속으로 나처럼 책을 보고 있던 것이다.

이와 비슷한 일은 아이와 함게 외출해서도 이어졌다. 길을 걸어가고 있었는데, 아이가 갑자기 'owl page'라고 외쳤다. 나는 처음에 딸이 무슨 말을 하는지 몰랐다. 남편과 나는 아이가 무슨 말을 하는지 알아내기 위해 아이에게 이것저것 물었다. 그러다 문득 남편이 'Night Time?' 책 제목을 말했다. 그랬더니 딸아이가 그 책 안에 있던 부엉이 내용을 읽으며 냈던 부엉이 소리를 내기 시작했다. 또 길옆에 있는 산을 가리키며 '정글, 정글, 부엉이, 부엉이'라고 말하기 시작했다. 순식간에 아이의 머릿속에 책이 펼쳐졌던 것이다. 아이는 책을 들고 있지 않았지만, 책을 보고 있었다.

책 읽기는 즐거워야 한다. 공부가 아닌 놀이가 되어야 한다. 그러기 위해선 아이가 좋아하는 책을 스스로 선택할 수 있게 도와주어야 한다. 또 시간을 정해서 아이에게 책을 읽어주는 것이 아닌, 아이가 책을 읽고 싶어 할 때까지 기다려 주는 것도 필요하다. 만약 아이가 책을 읽어달라고 한다면 만사 제쳐두고 아이의 책을 읽어주길 바란다. 아이에게 책을 읽어주는 것을 가장 우선순위에 두어야 한다. 그리고 몇 번이든 아이가 원하는 만큼 책을 반복해서 읽어주는 것을 귀찮아하지 말아야 한다. 그러면 아이는 책 읽기를 점점 좋아할 수밖에 없게 된다. 반복해서 읽은 그 책의 내용이 머릿속에 남아 언제든 꺼내 읽어보게 된다. 책을 들고 보지 않아도 그 내용을 알 수 있게 되면, 아이는 그 이야기 속에서 누구보다 신나게 놀게 된다. 영어책 읽기가 공부가 아닌 놀이가 되는 것이다.

놀이공원은 아이들 사이에서 늘 가장 가고 싶은 장소이다. 매년 한두 번 쯤 다녀오는 놀이공원에 관한 질문을 아이들은 이렇게 받는다.

Have you ever been to Everland?

에버랜드 다녀온 적 있어요?

Yes, I have.

I went there two weeks ago with my family.

네, 2주 전에 가족들과 다녀왔었어요.

No, I haven't.

아니오, 다녀온 적 없어요.

**PART
5**

영어로
아이의 꿈을
키우세요

아이들 영어 실력이 차이 나는 이유

01

—

Trust yourself. You know more than you think you do.

당신을 믿으세요. 당신은 생각보다 훨씬 더 현명하니까요.

– Benjamin Spock –

같은 듯 다른 쌍둥이의 영어 실력

아이들 영어 실력이 차이 나는 이유가 뭘까? 결론부터 말하자면, 생각의 차이 때문이다. 생각의 차이 때문에 영어 실력이 결정될 수 있다는 말을 믿기 힘들지 모르겠다. 하지만 아이들의 영어 실력은 자신을 규정짓는 생각에서 시작된다. 내가 가르쳤던 아이 중 쌍둥이가 있었다. 이 아이들은 쌍둥이라 생활 환경과 수업 환경이 같았다. 둘의 영어 실력도 비슷했다. 하지만 성격 면에서는 큰 차이가 있었다. 쌍둥이가 맞는지 의심스러울 정도로 너무 달랐다. 10분 일찍 태어난 헬렌은 언니였고, 데이지는 동생이었다. 헬렌은 매우 활발하고 자기 생각을 거침없이 말하는 아이였지만, 데이지는 소극적이고 자기 생각을 한마디도 말하지 않는 아이였다.

놀이 시간 헬렌은 늘 친구들에게 본인이 좋아하는 놀이를 제안하는 편이었다. 만약 친구가 헬렌에게 다른 놀이를 하고 싶다고 하면, 그 친구를 설득해 다시 놀이를 이어갈 정도로 사교성이 좋았다. 반면 데이지는 한 번도 놀이를 주도하지 않았다. 늘 친구들이 하자고 하는 놀이를 했다. 매번 같은 역할만 해서 싫을 것 같기도 한데, 데이지는 한 번도 불평하거나 친구와 싸우지 않았다.

이렇게 성격이 다른 아이들이었지만, 수업을 따라오는 속도나 이해력은 비슷했다. 다만 헬렌은 내가 질문을 하면, 본인의 생각을 즉각 말해주었기 때문에 실력을 파악하기 쉬웠다. 그러나 데이지는 질문을 해도 답을 해주지 않았다. 그래서 데이지의 실력을 파악하기 위해선 항상 더 많은 것을 살펴야 했다. 유치원에서 배우는 내용이 많아지고 어려워지기 시작하면서, 수업을 따라오는 두 아이에게 변화가 생기기 시작했다. 아이들은 같은 교실에서 똑같이 수업을 받고 같은 숙제를 했다. 하지만 헬렌의 영어 실력은 조금씩 올라가고 있었고, 데이지는 여전히 제자리였다.

영어 수업이다 보니 아이들이 말을 많이 해야 한다. 배운 것을 스스로 써보면서 틀린 표현을 계속해서 고쳐나가야 한다. 그런데 데이지는 말을 하지 않으니, 아이의 영어 실력이 어디를 향하고 있는지 확인하기가 점점 더 어려워졌다. 그래서 나는 수업을 마치고 잠깐 쉬는 시간이 되면 몰래 데이지를 데리고 나왔다. 방금 수업한 것 중 이해가 안 되는 것이 있는지 물었다. 아이는 나의 수많은 질문에 그저 입을 꾹 닫고 있었다. 그래서 방법을 바꿨다. 매일 수업이 끝나면 데이지가 어려워할 만한 부분을 이야기해주었다. 아이가 반응을 보이진 않았지만, 꾸준히 했다. 그러면서 수업 얘기가 아닌 다른 이야기도 조금씩 시작했다. 오늘 입고 온 치마의 색이 너무 예쁘다. 선생님도 그 색을 가장 좋아한다. 사실 선생님은 데이지가 너무 좋다 등등 데이지에 대한 내 사랑을 말로 표현해줬다.

"선생님이 데이지를 좋아하는 만큼을 표현할 단어가 없으니 오늘은 하트를 만들어줄게요."

"오늘은 데이지를 사랑하는 마음이 이만큼 더 커졌어요. 보여요?"

"어머! 데이지도 선생님을 그만큼 사랑한다고요? 선생님은 지금 너무 행복해요."

데이지는 꾸준히 변하고 있었다

아이는 여전히 말을 하지 않았지만 나는 꾸준히 데이지와 따로 시간을 가졌다. 이렇게 한 달 정도가 지날 때쯤 아이에게서 작은 변화가 보였다. 내가 데이지에게 말을 하면 가끔 나를 보고 웃어주기 시작했다. 질문하면 고개를 살짝 끄덕이기도 했다. 나는 워낙 아이가 표현하지 않았기 때문에 이 정도의 변화도 큰 성과라고 생각했다. 하지만 이것은 시작에 불과했다. 수업시간에 데이지가 내 눈을 보는 순간이 많아졌고, 질문하면 작은 소리로 대답도 하기 시작했다. 아이의 성격이 조금씩 활발해졌다. 친구들에게 먼저 다가가기도 하고 웃기도 많이 웃었다. 놀이중엔 여전히 아이들의 의견을 더 많이 따랐지만, 가끔 본인이 원하는 것을 말하기도 하였다. 무엇이 정확하게 아이를 변화시키고 있는 것인지 확신할 순 없었지만, 나는 내가 데이지에게 사랑을 표현하는 것이 분명 도움이 되고 있다고 믿었다.

어느 날 데이지의 어머님께 전화가 왔다. 쌍둥이들이 요즘 원에서 어떻게 생활하는지 궁금하다고 했다. 나는 그동안 데이지와 함께 생활한 이야기를 어머님께 전달하며, 아이가 조금씩 변화하고 있는 것 같다고 말했다. 어머님은 내 이야기를 듣고 한동안 말이 없었다. 그러다 조용히 다시 말을 시작했다.

"선생님께 전화 드린 이유는 사실 헬렌에 관해 물어보기 위해서였어요. 그런데 선생님의 이야기를 들으니 헬렌에 관해 묻고자 했던 질문을 하지 않아도 될 것 같습니다. 제가 너무 헬렌만 생각하고 있었던 것 같아 데이지에게 미안하네요. 무슨 말을 먼저 드려야 할지 모르겠지만 이 이야기를 꼭 해드려야 할 것 같아요.

아이들이 한글을 배워야 할 시기에 제가 아이들에게 한글을 가르쳤어요. 둘에게 한글을 가르치면서 쌍둥이지만 참 다르다는 것을 느꼈어요. 하나를 가르쳐주어도 헬렌은 바로바로 반응을 보여주며 무엇을 이해했는지 바로 저에게 알려줬어요. 그런데 데이지는 달랐어요. 반응이 없었어요. 그래서 저는 자연스럽게 저에게 반응을 보여주는 헬렌만 바라보게 되었던것 같아요. 헬렌의 속도대로 데이지를 함께 가르치게 된거지요. 그런 저의 관심이 헬렌에게 더 많이 쏠리면서 헬렌은 더 외향적으로 성격이 바뀌고, 데이지는 내성적으로 성격이 바뀌었는지도 모르겠어요.

언제부터인진 잘 모르겠지만, 최근에 데이지가 집에 오면 스스로 숙제를 하고 있었어요. 그런 데이지를 보며 칭찬해주고, 헬렌에게 데이지처럼 숙제하라고 하니 아이가 화를 내더라고요. 점점 짜증을 부리더니 숙제를 안 하겠다고 으름장을 놓는 거예요. 급기야는 헬렌이 왜 엄마는 데이지만 좋아하느냐고 엉엉 우는 거예요. 저는 유치원에서 헬렌에게 무슨 일이 생긴 줄 알았어요. 그래서 전화를 드린 거예요. 그런데 선생님 말씀을 들어보니 헬렌에게 무슨 일이 생긴 것이 아니라, 데이지에게 큰 변화가 있었던 것이네요. 저도 못 해준 큰 사랑을 데이지에게 주셔서 감사드립니다."

데이지는 그동안 자기보다 헬렌을 더 바라봐주는 환경에 익숙했을 것이다. 유치원에서도 헬렌에게 더 많은 관심을 보이는 것이 당연하다고 여겼던 것 같다. 그러나 데이지도 헬렌과 같이 관심 받고 싶고 사랑을 받으면 행복해지는 아이였다. 그래서 데이지는 말을 일부러 하지 않는 것으로 관심을 받으려 했는지도 모른다. 그런데 아이의 마음이 조금씩 열리면서 아이는 표현하기 시작했다. 그 때문에 나는 데이지의 진짜 모습을 볼 수 있었다. 데이지는 영민한 아이였다. 그동안 말로 표현하지 않아 몰랐었다.

그런데 아이가 표현하게 되면서 영어를 사용하는 빈도수가 높아지자, 올라가는 영어 실력이 보이기 시작했다.

유치원에서 아이들과 함께 생활하다 보면 아이들만의 파도를 발견한다. 어떤 아이는 큰 파도를 어떤 아이는 작은 파도를 가지고 있다. 그런데 큰 파도를 가지고 있는 아이가 늘 뛰어난 것은 아니다. 또 작은 파도를 가지고 있는 아이가 늘 부족한 것도 아니다. 파도를 잘 타고 못 타는 실력은 아이의 생각에서 나온다. 파도를 타기 전에 이미 겁부터 먹고 파도가 크고 높다고 생각하는 순간 딱 그만큼의 파도만 탈 수 있다. 하지만 어떤 파도도 탈 수 있다는 마음을 가진 아이는 중간에 떨어지거나 부딪혀도 다시 일어난다. 그리고 끝끝내 그 파도를 멋지게 타 보인다. 부모는 단지 아이가 할 수 있다는 마음을 가질 수 있도록 옆에서 응원해주기만 하면된다. 가끔은 부모의 이런 응원이 아이의 영어 실력을 올리게도 멈추게도 하는 힘을 발휘하기 때문이다.

처음으로 젖니가 빠지면, 아이들은 만나는 모든 사람에게 자랑하고 싶어 한다. 그런데 의외로 젖니가 빠졌다는 이야기를 영어로 표현하기 힘들어한다. 그 표현은 이렇게 하면 된다.

Teacher, my first tooth fell out!

선생님, 제 젖니가 빠졌어요.

That's amazing! Did it hurt?

우와 대단해요. 이빨 빠질 때 아팠어요?

Not really.

별로 안 아팠어요.

02 아이의 자신감에 부스터를 달아주자

—

Success follows doing what you want to do.

There is no other way to be successful.

자신이 하고 싶은 것을 해야 성공할 수 있어요. 이것이야말로 유일한 성공 비결이죠.

– Malcolm Forbes –

엄마의 선택으로 다시 시작된 영어유치원 생활

아이들의 졸업과 입학을 준비하는 2월은 영어유치원에서 가장 바쁜 시기다. 이 시기에는 선생님들 마음이 바쁘다. 졸업하는 아이들과 새롭게 입학하는 아이들을 맞이하기 위해 준비해야 할 것이 많기 때문이다. 졸업식을 마치자마자, 유치원은 새로운 아이들을 위해 본격적인 준비를 시작한다. 입학식이 시작되기 전 모든 반과 그 반의 담임 선생님이 정해진다. 그러면 선생님에게는 각 반 아이들의 명단이 도착한다. 올해도 어김없이 두 개의 반을 맡게 된 나에게도 명단이 도착했다. 명단을 쭉 내려보다 익숙한 한 아이의 이름을 발견했다. 예전에 내가 맡았던 반 아이의 이름과 같은 알렉스였다.

알렉스는 유치원을 옮기기 위해 친구 메튜와 함께 입학 상담을 왔다. 둘 다 6세 2년 차 입학을 희망했다. 이미 다른 영어유치원에서 5세 반을 마쳤기 때문이다. 상담 전 아이들은 레벨테스트를 받았는데, 믿을 수 없게도 아이들 모두 낮은 레벨이 나왔다. 둘 다 2년 차로 들어오기 힘든 레벨이었다. 어학원마다 성향이 다르므로 레벨이 낮게 나온 것을 정확하게 설명하기는 어렵다. 하지만 확실한 것은 이 아이들이 기존 아이들과 같은 반에서 수업 받는 것이 힘들다는 사실이었다. 레벨이 다른 아이들이 함께 수업하게 되면, 양쪽 모두에게 좋지 않은 영향이 생긴다. 또 선생님으로서 반을 이끌어 가는 데 상당한 어려움이 있다. 새로 들어온 아이 때문에 기존 아이들이 이미 잘 알고 있는 내용을 다시 설명해야 하는 일이 생긴다. 수업의 속도가 늦어진다. 매일 해내야 하는 공부의 양이 정해진 영어유치원에서, 한 아이만을 위해 수업의 속도를 늦춰주는 것은 사실상 불가능에 가깝다.

상담 선생님이 레벨테스트를 마친 아이들의 어머님들께 결과를 전달했다. 위와 같은 이유로 아이들은 2년 차에 입학하기 힘들 것 같다. 1년 차로 입학한다면 이전에 배웠던 부분을 다시 배우겠지만, 길게 봤을 땐 다시 1년 차로 입학하는 것이 좋을 수 있다고 말씀드렸다. 상담 후 바로 결정하지 말고 신중히 생각해서 결정을 내리길 부탁했다. 얼마 후 두 어머님에게 전화가 왔다. 두 분 중 한 어머님은 아이를 무조건 2년 차에 입학시켜달라고 하셨다. 1년을 이미 마쳤는데 다시 1년 차로 입학시킬 수는 없다고 했다. 유치원의 입장은 난처해졌다. 그러나 어머님은 주장을 굽히지 않았고, 결국 아이의 부족한 부분을 가정에서도 열심히 돕겠다는 약속을 받고 입학을 확정 지었다. 한편 다른 어머님은 유치원과 몇차례 더 진행된 상담을 통해 아이가 다시 1년 차로 입학하는 것에 동의했다. 이로써 얼마 전까지만 해도 같은 반에서 수업하던 아이들이 다른 반이 되었다. 그렇게 두 아이는 각각 새로운 반에서 새롭게 영어를 시작하게 되었다.

2년 차 반의 알렉스 vs 1년 차 반의 메튜

2년 차에 들어간 알렉스는 1년 차로 들어간 친구인 메튜와 다른 반이 되어 속상했다. 늘 같이 다니던 메튜와 다른 반으로 들어가려니 신이 나질 않았다. 그러나 그 기분도 잠시였다. 수업을 시작하니 모르는 것이 너무 많았다. 친구들은 선생님 질문에 척척 대답도 잘했다. 책에 있는 문장을 쉽게 따라 읽기도 하였다. 하지만 알렉스는 갑자기 어려워진 수업에 적응하느라 정신이 없었다. 수업이 끝나고 쉬는 시간이 되자 선생님은 알렉스를 따로 불렀다. 수업이 어땠는지 물었다. 그리고 이전 전에 배웠던 책의 내용을 질문했다. 어느덧 수업이 끝나고 하원 시간이 되자, 알렉스의 가방엔 책이 가득했다. 기본적인 숙제와 알렉스에게만 따로 주어진 보충 숙제 때문이었다. 숙제를 받아들고 집에 도착하자마자 엄마와 숙제를 시작하기 위해 다시 책상에 앉았다. 알렉스는 유치원에서도 집에서도 온종일 공부만 해야 했다.

메튜도 알렉스와 떨어져서 수업하게 되어서 속상했다. 하지만 메튜 역시 수업이 시작되자 알렉스가 생각나지 않았다. 수업이 너무 재미있었기 때문이다. 선생님이 수업하는 내용이 쉽게 이해되어 선생님 질문에 척척 대답을 할 수 있었다. 친구들에겐 어려운 수업이 메튜에게는 어렵지 않았다. 어느새 수업을 주도하게 되면서 자연히 선생님에게 칭찬을 많이 받게 되었다. 쉬는 시간엔 친구들과 신나게 놀기도 했다. 하루가 금방 갔다. 수업이 끝나고 집에 도착해 오늘 받은 숙제를 열어보니 생각보다 어렵지 않았다. 조금 시작해보니 숙제가 쉽고 재미있었다. 스스로 숙제를 하고있던 메튜는 엄마에게도 칭찬을 받았다.

한 달 후 알렉스와 메튜는 다른 모습이 되어 있었다. 알렉스는 한 달 동안 힘들긴 했지만, 최선을 다했다. 수업을 열심히 들었다. 그 많은 숙제도 늘 빠트리지 않았다. 처음에는 어렵던 수업이 더는 어렵게 느껴지지 않았다. 시간이 지날수록 알렉스는 수업을 더 많이 이해하게 되었다. 선생님에게 칭찬받기 시작했으며, 그 횟수가 늘어나 할 수 있다는 자신감이 생겼다. 한 달 동안 영어 실력이 눈에 띄게 늘었다.
반면 메튜는 큰 변화가 없었다. 영어 실력이 크게 달라지지 않았다. 한 달 동안 이미 알고 있던 것을 다시 배웠기 때문이다. 하지만 전에는 다 이해하지 못하고 지나갔던 부분을 다시 배우면서 정확하게 알게 되는 부분이 쌓이기 시작했다. 사용하는 영어 표현이 조금씩 정교해졌다. 여전히 수업을 주도하며 선생님의 질문에 가장 많이 답했다. 매일 칭찬을 받으며 영어를 하는 것이 즐거웠다. 하지만 점점 알렉스와 격차가 생기기 시작했다. 레벨이 다른 반에서 수업을 받으며 배우는 내용이 달랐기 때문이다.

1학기를 보내며, 두 아이는 각자의 반에서 영어 실력을 꾸준히 발전시켰다. 특히 알렉스의 어머님은 아이의 부족한 보충을 채우는 노력을 아끼지 않으셨다. 알렉스 또한 엄마와 함께 집에서도 열심히 숙제하며 노력했다. 그 결과 알렉스가 집에서 해야 하는 보충의 양이 줄어들기 시작했다. 1학기가 끝나기도 전에 알렉스는 반 친구들과의 격차가 거의 좁혀졌다. 그동안 메튜도 열심히 수업했다. 시간이 지날수록 새로 배우는 내용이 많아졌다. 하지만 이미 영어를 재미있게 즐기고 있는 메튜는 새로 배우는 내용도 어렵지 않았다.

1학기 때 모든 노력을 기울인 알렉스는 2학기가 진행되면서 점점 지쳐갔다. 계속 더 어려운 수업이 진행되었기 때문이다. 알렉스에겐 한 계단을 올라가면 두 계단이 눈앞에 기다리고 있었다. 열심히 노력해서 겨우 친구들을 따라잡았지만, 2학기가 시작되자 친구들은 더 멀리 달아났다. 지난 1학기 동안 알렉스의 영어 실력은 많이 향상되어 다른 또래 친구들보다 훨씬 영어를 잘하게 되었다. 하지만 같은 반 친구들은 알렉스보다 늘 더 잘했다. 시간이 지날수록 알렉스는 새로 배우는 내용이 어렵다고 생각했다. 숙제를 안 하기 시작했고 수업 시간에 자신감을 잃어갔다. 메튜와 비교하면 여전히 영어 실력이 더 높았지만, 알렉스는 스스로 영어가 어렵다는 말을 많이 하게 되었다.

반면, 메튜는 1학기 때 쌓아온 자신감으로 누구보다 열심히 2학기를 보냈다. 어려운 수업이 진행되는 2학기 때도 자신 있었다. 1학기를 보내며 기본기를 다지며 1학기를 보낸 메튜의 실력이 2학기 때 급격히 상승했다. 책을 쭉쭉 읽어 내려가는가 하면, 말하기 대회에서 두각을 나타내기도 했다. 무엇보다 영어로 말하는 자체를 너무 즐거워했다. 영어가 재미있으니 그 호기심이 자꾸 질문으로 이어졌다. 질문할수록 더 많은 것을 알게 되었다. 6세를 마칠 때쯤엔 알렉스가 속한 6세 2년 차 친구들과 비슷한 영어 말하기 실력을 갖추게 되었다.

시간이 지나고 초등학교를 입학할 때쯤 아이들은 크게 달라져 있었다. 메튜는 영어를 잘하며 좋아하는 아이가 되었다. 반면 알렉스는 영어를 잘하지만, 좋아하지는 않게 되었다. 아직까진 영어 실력이 비슷하지만, 시간이 갈수록 실력 차이가 나게 될 것이다.

앞으로 더 오랜 시간 영어를 공부해야 할 아이들에게 이것은 너무 중요하다. 영어를 대하는 태도에서 나오는 자신감이 다르기 때문이다. 아이들에게는 이해가 되지 않으면 끊임없이 질문하는 용기가 필요하다. 틀려도 좋으니 계속 시도할 수 있는 자신감이 필요하다. 아이가 수업을 이끌어야 하고 좋아해야 한다. 자신감이 넘쳐야 한다. 메튜처럼 말이다. 그러기 위해선 부모의 역할이 중요하다. 그 역할 이라는 것은 부모의 욕심대로 아이를 무작정 끌고 가는 것이 아니라, 아이에게 맞는 교육을 제공하기 위해 힘쓰는 것이다.

아이와 함께하는 하루 10분 영어 한마디

매일 만나는 아이들과 선생님은 서로에게 관심이 많다. 특히 남자아이들의 경우 이발을 하고 오면 늘 이 질문을 받는다.

Did, you get a new hair cut?
머리카락 잘랐어요?

Yes, did.
네, 머리카락 잘랐어요.

No, I didn't.
아니요, 머리카락 자르지 않았어요.

집안에서 세계로 영어 연수를 떠나자

—

Education's purpose is to replace an empty mind with an open one.

교육의 목적은 비어 있는 머리를 열려 있는 머리로 바꾸는 것이다.

– Malcolm Forbes –

인터넷 바다에서 영어 콘텐츠를 건져라

요즘은 스마트폰만 있으면 어떤 세상과도 소통할 수 있다. 내가 원하는 거의 모든 정보를 인터넷에서 쉽게 얻는다. 검색을 어떻게 하느냐에 따라 얻을 수 있는 정보의 질과 양이 달라진다. 아이들을 위한 영어 콘텐츠도 마찬가지다. 예전과는 비교도 할 수 없을 만큼 많은 양을 검색 한 번으로 얻을 수 있다. 그러나 정보가 너무 많은 탓에 내가 원하는 것을 정확하게 선택하기가 쉽지 않은 것도 사실이다. 아이의 나이별로 세세히 나누어져 있는 영어 콘텐츠를 보고 있으면, 내 아이가 커가는 시기에 맞춰 발 빠르게 새로운 콘텐츠로 바꿔 줘야 할 의무감마저 든다. 나도 그랬다. 두 살 딸에게 딱 맞는 콘텐츠를 찾기 위해, 많은 정보를 하나씩 확인하고 시도해 보기까지 시간이 오래 걸렸다. 아이를 위한 영어 영상 선택의 기준은 서정 적인 그림과 내용을 우선으로 두었다. 또 한국에서 쉽게 찾고 접할 수 있 는 것으로 목록을 만들었다.

1. Cocomelon (코코멜론)

한국에서는 핑크퐁이 대세지만 아이에게 영어를 학습시키기 위한 영상 을 찾는다면 코코멜론을 추천한다. 코코멜론은 유튜브로 쉽게 검색해 찾 아볼 수 있는데 아이들이 영상에 나오는 노래들을 따라 부르기 쉽고, 한국 식 영어 표현이 없다는 것이 장점이다. 노래가 만들어진 상황과 그 주제가 다양해 부모가 같이 봐도 지루하지 않다. 또 영상은 모두 3D 애니메이션 으로 만들어져 있어 마치 여러 편의 만화영화를 보는 느낌이 든다. 즐겁고 경쾌하게 실생활을 표현한 노래가 많아 어린아이도 즐겁게 볼 수 있다.

만약 아이가 채소를 안 먹는다면 'Yes Yes Vegetable Song'을 시청해보 길 추천한다. 어느 날 이 영상을 보고 있던 딸아이가 당근을 외치면서 달 라고 했다. 급히 당근을 막대 모양으로 잘라 주었는데, 노래를 들으며 맛 있게 다 먹었다. 이 노래에는 당근뿐 아니라 다양한 채소들이 나오는데, 아이는 그것을 보면서 어떤 날은 브로콜리, 또 어떤 날은 콩을 먹기도 하 였다. 모든 아이가 이 노래를 들으며 채소를 먹지 않겠지만, 혹시 아이가 채소를 싫어해 고민이라면 속는 셈 치고 한번 시도해보시길 바란다.

2. Super Simple Songs ^(슈퍼심플송)

예전부터 내려오는 노래들을 많이 접할 수 있는 영상이다. 그래서 노래들이 서정적이며 차분하다. 코코멜론이 요즘 느낌이라면 슈퍼심플송은 예전 느낌이라는 표현이 가장 비슷할 것 같다. 영상은 2D로 만들어져 있어 더 친근하게 느껴지며, 마치 움직이는 그림책을 보는 것 같다. 우리는 슈퍼심플송을 특히 차 안에서 주로 듣는데, 익숙한 노래가 많아 굳이 가사를 보지 않아도 따라 부를 수 있기 때문이다. 또 색깔 찾기 노래라든가 숫자를 공부해 볼 수 있는 노래처럼, 학습적으로 활용할 수 있는 노래가 많다는 장점이 있다. 실제 두 살 된 딸아이가 숫자 노래를 몇 번 반복해서 보더니, 혼자 숫자를 세게 되었다. 완벽하게는 아니지만 숫자에 흥미를 보이며 숫자놀이를 하게 되었다. 아마도 노래의 속도가 빠르지 않았기 때문에 아이가 쉽게 따라 할 수 있지 않았나 생각된다.

3. CBeebies – GO JETTERS ^(고 제터스)

영국 비비씨의 어린이 채널인 씨비비스에서 만든 애니메이션 중 하나다. 이 애니메이션을 소개하는 이유는 재미있는 이야기는 물론 전체 이야기를 구성하는 형식 때문이다.

주인공들인 제터스들은 전 세계 곳곳을 누비며 사건을 해결한다. 예를 들면 케이프타운의 테이블 마운틴에 고의로 뿌려 놓은 눈을 치워 꽃들을 살린다거나, 실수로 똑바로 세우게 된 이탈리아의 피사의 사탑을 다시 원래대로 복원시킨다. 열대우림에서 점심을 먹겠다고 여기저기 설치해놓은 우산을 치우고, 머스터드가 둥둥 떠다니는 사해의 바다를 청소하기도 한다. 그 과정에서 배경이 되는 명소나 유적지에 관한 설명을 세 가지로 요약하여 아이들이 이해하기 쉽게 설명해준다. 고 제터스 이야기 안에는 소동을 일으키는 캐릭터는 있지만, 뚜렷한 악당은 없다. 등장인물들이 무기를 가지고 싸우거나 죽이는 장면이 없다. 어린아이와 함께 보기에 이런 폭력적인 장면이 없다는 사실이 고 제터스의 큰 장점이 아닐까 생각된다.

4. CBeebies – Hey Duggee (헤이 더기)

역시 영국 비비씨의 어린이 채널인 씨비비스에서 만든 애니메이션 중 하나다. 이 애니메이션의 주인공은 동물들이고 배경은 유치원이다. 유치원의 선생님인 더기는 강아지인데 말을 하지 못한다. 그래서 내레이션으로 상황 설명을 한다. 이야기는 항상 아침에 각자 다른 교통수단을 이용해, 아기동물 학생들이 유치원에 오는 것으로 시작된다. 그리고 온종일 유치원에서 더기와 아이들이 생활하는 모습을 재미있게 보여준다.

유치원에서 더기의 머리카락을 자르기도 하고, 음식을 만들기도 한다. 또 엄마를 대신해 동생을 돌보는 것으로 하루를 보내기도 하고, 유치원 밖으로 나가 체육대회도 한다. 애니메이션의 특성상 과장된 부분이 있지만, 실제 유치원에서 아이들이 생활하는 모습을 제법 비슷하게 보여준다. 전반적으로 즐거운 내용이 가득하고, 특히 생활에서 쓰이는 영어 대화가 많이 나오는 것이 헤이 더기의 특징이다.

앞서 소개한 영상들은 현재 내가 아이와 함께 보고 있는 것들이다. 온종일 영상만 보고 TV 앞에 앉아 있지는 않지만, 영상을 보여줘야 할 때는 늘 이 영상들을 보여준다. 그리고 아이가 영상을 볼 땐 나도 항상 옆에 같이 앉아서 본다. 자주 나오는 표현을 크게 따라해 보기도 하고, 새로운 표현을 익히기도 한다. 아이와 함께 영어를 배우는 기회로 사용하는 것이다. 물론 영상만으로 영어를 배우는 것은 한계가 있다. 하지만 당장 해외로 나가는 영어 환경을 만들어줄 수 없다면, 이것도 좋은 대안이 될 수 있다고 생각한다. 요즘은 굳이 해당 장소를 가지 않더라도 여러 매체를 통해 공간 이동이 가능한 시대다. 이런 기회를 남용하지 않고 적절히 사용한다면, 이것이야말로 집안에서 세계 곳곳으로 영어연수를 떠나는 좋은 방법이 되지 않을까 생각해본다.

아 이 와 함 께 하 는 하 루 1 0 분 영 어 한 마 디

유치원을 마치고 나면 바로 집으로 돌아가는 아이들이 거의 없다. 바로 다른 학원으로 이동하기 때문이다. 요즘은 줄넘기 학원을 많이 다니는데, 얼마나 자주 수업에 가는지 물어보는 질문에 이렇게 답하면 좋다.

How often do you go to jump rope class?
줄넘기 수업은 얼마나 자주 가요?

I go twice a week. On Monday and Friday.
일주일에 두 번 가요. 월요일과 금요일이요.

PART 5_영어로 아이의 꿈을 키우세요 · 279

04 영어보다 더 좋은 무기는 없다

—

If you follow your dream, if you try to live as you dream,

the dream will be everyday life unexpectedly.

꿈을 향해 자신 있게 걸어간다면, 꿈꾸는 대로 살고자 한다면,

그 꿈은 어느 순간 당신의 생활이 될 거예요.

– Henry David Thoreau –

영어가 경쟁력이다

나는 TV를 즐겨 보는 사람이 아니다. 그래도 일 년에 몇 개 찾아보는 프로그램은 있다. 그중 하나가 JTBC에서 방영된 〈비정상 회담〉이었다. 이 프로그램은 다양한 국가의 외국인들이 나와 각국 문화 차이에서 오는 본인들의 생각을 한국어로 토론하는 내용이다. 시즌제로 넘어갈 정도로 오래 방송되면서 많은 외국인이 출연했다. 그 출연자들 가운데 나에게 가장 기억에 남는 외국인은 단연 타일러였다. 나에게 타일러는 똑똑함과 한국어를 굉장히 잘한다는 이미지를 가지고 있었다. 첫 회부터 이런 생각

을 쭉 가지고 있었지만, 이 생각이 완전히 굳어진 계기가 있었다. 바로 맞춤법을 출연자들이 고쳐보는 에피소드였다. 여기에서 타일러는 맞춤법을 정확하게 고쳐냈을 뿐만 아니라, 고쳐진 문장의 발음이 왜 그렇게 나게 되는지까지 설명하여 나를 놀라게 했다.

사실 이 프로그램에 출연한 모든 외국인들이 한국어를 잘했지만, 타일러의 한국어 실력이 월등하게 뛰어났다. 그래서 출연자들이 함께 토론하는 시간이 되면, 내가 생각한 의견이 타일러와 달랐더라도 타일러의 의견을 들으면서 그 생각이 바뀌기도 했다. 타일러의 주장이 다른 출연자들 보다 더 설득력이 있었다기 보단, 다른 출연자들의 한국어 실력보다 좋아 더 설득력있게 받아들이게 되었던것 같다.

이 상황을 뒤집어보자. 우리가 외국에서 비즈니스를 하고 있다고 가정하는 것이다. 나를 포함한 다양한 나라의 업체 대표들과 경쟁 발표를 하는 상황이다. 모든 사람의 발표 실력이 비슷하고, 업체들의 규모와 실력이 크게 차이가 안 난다면 과연 누구의 말이 가장 설득력이 있게 들릴까? 아마도 영어를 가장 잘하는 사람일 것이다. 같은 이야기를 하더라도 더 많은 예시를 들어 듣고만 있어도 눈앞에 그림이 그려지게 만드는 사람. 또 이해를 위해 가장 적절한 단어를 꺼내 말하는 사람의 이야기에 더 마음이 움직여질 것이다. 다른 엄청난 실력이 아니라 단지 영어를 더 자연스럽게 구사할 수 있다는 사실만으로, 발표에서 이길 수 있는 무기를 가지고 시작하게 되는 것이다.

단언컨대, 지금 우리는 영어 하나만으로도 가지게 되는 기회가 생각보다 많다. 하물며 앞으로 영어를 더 많이 사용하게 되는 아이들은 어떨까? 앞으로는 중국어의 시대가 열릴 것이라고 한다. 하지만 그래도 영어가 먼저다. 영어를 할 수 있는 사람이 중국어까지 해야 그 가치가 더 올라가는 것이다. 내가 처음 영어를 시작할 때만 해도 영어가 내 인생에 이렇게 큰 영향을 미치게 될지 몰랐다. 그저 나에게 점수를 잘 받고 끝날 하나의 외국어 과목이라고만 생각했었다. 그러나 나는 이 영어로 외국에 나가 더 큰 세상을 경험했으며, 내가 원하는 즐거운 일을 할 수 있게 되었다. 게다가 내 평생을 함께할 멋진 배우자도 만났다. 만일 내가 영어를 배우지 않았다면 이 모든 일은 내 인생에서 절대 일어나지 않았을 것이다.

이왕 할 영어라면 좀 더 큰 목표를 가져라

우리나라에서 BTS(방탄소년단)를 모르는 사람은 없을 것이다. 세계적으로 유명해진 BTS는 2018년 UN에서 연설했다. 이 연설을 계기로 아이돌에게 관심이 없던 많은 사람이 BTS를 알게 되었다. 나 역시 그중 한 사람이었다. 연설 이후 나는 BTS에 관심이 생겨 몇 개의 영상을 보게 되었다. 영어로 진행되는 인터뷰나 토크쇼에서 랩몬(BTS의 리더)은 통역을 거치지 않고 영어로 대답했다. 게다가 사회자가 말하는 내용을 팀원들에게 즉각 통역해주기도 하였다. 나는 이런 랩몬이 처음부터 영어를 잘하던 사람이 아니었다는 것에 놀랐다. 영상 안에서 본 그의 영어 구사 능력은 매우 뛰어났기 때문이다.

만약 BTS가 영어를 전혀 하지 못했으면 어땠을까? 물론 많은 인기를 누리는 것은 변함이 없겠지만, 전 세계적으로 많은 사람에게 BTS를 알리기까진 조금 더 긴 시간이 걸렸을 것이다.

우리가 내일 스페인을 간다고 가정해보자. 여행 짐을 다 꾸려놓고 시간이 남으면 스페인어로 인사와 고맙다는 말을 어떻게 하는지 검색할 것이다. 간단한 인사를 연습할 것이다. 특별한 이유가 아니고서야 그 이상 스페인어를 공부하지 않을 것이다. 그 이유는 모든 의사소통이 영어로 가능하기 때문이다. 아무리 영어를 못하는 사람이라고 해도 숫자로 1부터 10까지 셀 수 있다. '원하다', '고맙다'와 같은 기본적인 동사는 말할 줄 안다. 사실 이 정도만 해도 어디 가서 음식 주문은 다 할 수 있다. 그럼 된 것 아닐까? 이 질문에 대한 내 대답은 '아니오'다. 여행을 간다는 것은 그 나라의 문화를 경험해보기 위함이다. 그런데 듣고 말할 수 있는 것이 제한적이라면, 아무리 많은 것을 본다고 해도 머릿속에 남는 것이 별로 없을 것이다. 그 나라의 문화를 조금 더 깊숙이 알려면 그 나라 사람들과 이야기를 해봐야 한다. 그들이 생각하고 있는 것을 함께 공유할 수 있어야 한다.

내가 혼자 여행을 갔을 때 어떤 곳을 지나게 되었다. 내 앞으로 한 무리의 사람들이 있었고, 앞에는 그 무리를 이끄는 현지 가이드가 있었다. 바쁘게 사람들을 헤집고 빠져나가는 중간에, 그 현지 가이드의 목소리가 들렸다. '이 건축물은 아주 오랜 역사를 가지고 있어요. 여기 건물들은 겉보기엔 평범한 건축물 같아 보이지만, 이 시대에 최초로 도입된 건축 양식으로 지어졌죠. 이 건축물이 세워진 이후 전 세계적으로 같은 건축 양식으로 지어진 건물들이 우후죽순 생겨났어요.' 나는 가려던 발걸음을 멈추고 현지 가이드가 말하고 있는 건물을 올려다봤다. 이상했다. 설명을 듣고 본 건물은 방금 내가 지나치려고 했던 그 건물과 달라 보였다. 평범해 보였던 건물이 사실은 이런 중요한 의미를 담고 있다는 것을 언어 때문에 이해하지 못했다면, 이 건물은 그저 내가 지나친 여러 건물 중 하나로 기억에 남지도 않았을 것이다.

내용을 알고 보는 것과 모르고 보는 것은 천지 차이다. 받아들이는 양과 질이 달라질 수밖에 없다. 그런데도 간단히 음식만 주문할 수 있는 정도의 영어를 배우려는 목표를 가지고 있다는 사실이 안타깝다. 이왕 영어를 배우기 시작했다면 더 높은 곳까지 목표를 세우길 바란다. 사람은 아는 만큼 보이고 보는 만큼 경험할 수 있다.

영어라는 것은 언어 이상의 의미를 가져다준다. 그렇기 때문에 지금도 전 세계에서 많은 사람이 우리처럼 영어를 배우고 있다. 만약 당신이 한국에서만 일생을 보낼 것이 아니라, 여행도 다니고 전 세계 다양한 사람과 소통하고 살고 싶다면 하루라도 빨리 영어를 마스터하길 추천한다. 앞으로도 영어는 세계 공용어로 끊임없이 사용될 것이기 때문이다. 그것이 적어도 우리 아이들 세대까지는 변하지 않는다. 그러니 우리 아이들에게 영어는 선택이 아니라 필수다. 영어는 다른 언어가 가지고 있지 않은 힘을 가지고 있다. 그 힘은 영어를 사용하는 사람의 출발선을 다르게 만들어 주기도 한다. 영어를 할 수 있다는 이유만으로 더 많은 기회와 성공이 주어진다. 앞으로 인생을 살아갈 우리 아이에게 영어보다 더 좋은 무기는 없는 것이다.

아이들이 수업 시간에 시제를 표현하는 동사를 배우는 날이었다. 다른 시제에는 붙지 않는 'ed'가 붙는 과거시제에 관해 열심히 질문했던 기억이 난다.

Teacher, why do I need to write 'ed
at the end of these words?
선생님, 왜 이 단어 뒤에 ed를 적어야 해요?

'ed' shows that the action happened in the past.
ed가 과거에 일어난 일이라고 알려주기 때문이에요.

05

영어로 아이의 삶을 디자인하라

—

All our dreams can come true, if we have the courage to pursue them.

꿈을 밀고 나갈 용기만 있다면, 우리의 모든 꿈은 이뤄질 것이다.

– Walt Disney –

영어 하나만으로도 아이의 삶을 바꾸기 충분하다

엄마 : "연아야, 기저귀 갈자. 여기로 오세요."

아기 : "Baby, run away" (아기, 도망쳐)

엄마 : "Come over here, Becky." (베키, 이쪽으로 오세요.)

아기 : "도망쳐!"

기저귀를 갈 때마다 소리를 지르며 저 멀리 도망가는 아이를 잡기 위해 나는 오늘도 열심히 아이 뒤를 쫓는다. 그런데 우리의 대화가 조금 이상하다. 나는 한국어로 질문을 했는데 아이는 영어로 답한다. 또 내가 영어로 물었더니 아이는 한국어로 답한다. 사실 내 아이는 영어와 한국어를 동시에 사용하는 이중 언어 사용자(bilingual)다. 한국인 엄마와 남아프리카 공화국 사람인 아빠 사이에서 태어났다. 태어나기 전부터 엄마 아빠의 모국어를 동시에 들으며, 자연스럽게 한국어와 영어를 배우게 되었다. 나는 두 가지의 언어를 같이 배우고 사용하는 딸에게 특이한 점을 발견했는데, 아이가 나에게 말할 때는 주로 한국어를, 아빠와 말할 때는 영어를 더 많이 사용한다는 것이다. 또 종종 두 언어를 섞어 사용하면서, 언어를 한국어와 영어로 따로 구분 짓지 않았다.

여기 같은 길을 걷는 두 사람이 있다. 한 사람은 열심히 두 다리로 걸으며 주변 풍경을 느끼고 경험한다. 또 다른 한 사람은 자동차를 타고 빠르게 풍경을 지나치며 더 많은 풍경을 감상한다. 그런데 시간이 지나면서 두 사람이 걷고 있는 길이 달라졌다. 두 다리로 걷는 사람은 처음부터 걷고 있던 그 길을 아직 벗어나지 못했다. 하지만 자동차를 타고 달리는 사람은 그 길뿐 아니라 이미 더 많은 길을 지나오게 되었다. 같은 출발선에서 시작해 같은 시간을 보냈지만, 두 사람의 결과는 같지 않게 되었다.

두 개의 언어를 사용할 수 있는 아이는, 그렇지 않은 친구들보다 다양한 정보를 얻을 기회가 많을 수밖에 없다. 한가지 길이 아니라 두개의 다른길을 동시에 걸을 수 있게 만들어 주는 것이다. 만일 그 언어 중 하나가 영어라면, 그 경험의 폭은 부모가 상상하는 이상의 것이 될 수 있다. 두 다리로 걷는것이 아닌 자동차를 타고 달리게 해준다. 더 많은 세상을 더 빨리가게 해줄 수 있는 것이다.

영어는 나에게 모든 문을 열 수 있는 만능키였다

나의 부모님 세대만 해도 한국에서 태어나고 자랐다. 그래서 한국에서 정착하고 사는 것이 당연했다. 너무 당연하여 누구도 왜 한국에서 살아야 하는지 의문조차 품지 않았다. 그러나 그런 부모님 밑에서 자란 우리의 삶은 조금 다르다. 꼭 한국에 살아야 한다는 고정관념이 깨졌다. 2006년도 쯤이었던 것으로 기억한다. 내가 대학을 졸업한 후 해외로 어학연수 가는 친구들이 하나둘 생겨났다. 그리고 얼마 지나지 않아 거의 모든 주변 친구들이 어학연수를 떠났다. 이때만 해도 어학연수를 다녀오면 이력서에 경력 한 줄을 더 채우는 것 이상의 혜택을 누릴 수 있었다. 같은 조건이라도 어학연수를 다녀온 사람이 더 높은 점수를 받았기 때문이다. 그래서 당시 대학생들은 대학 졸업 후 어학연수를 가거나 워킹홀리데이를 떠나기 시작했다.

나 역시 그들 중 하나였다. 필리핀을 시작으로 영국, 호주로 영어를 배우기 위해 떠났다. 어학연수를 가려면 많은 돈이 필요했지만, 당시 나는 돈이 없었다. 그래서 어학연수를 목표한 날부터 지독히 돈을 모았다. 지금 생각해보면 무모했지만 내가 살면서 내린 결정 중 상위 세 손가락 안에 들어갈 정도로 뛰어난 선택이었다. 거의 일 년 정도 돈을 모아 떠나게 된

나의 어학연수가 내 삶을 완전히 바꾸어놓았기 때문이다. 하지만 영어를 한마디도 못 하던 상태로 떠난 어학연수는 그야말로 계란으로 바위 치기였다. 같은 곳에서 만난 친구들은 이미 토익점수가 800점 이상이었고 문법과 읽기 실력이 뛰어나게 높았다. 단지 영어를 말하는 스킬이 부족할 뿐이었다. 그에 반해 나는 정말 아는 것이 없었다. 선생님이 수업을 시작하면서 건네는 인사 이외에는 알아들을 수 있는 말이 하나도 없었다. 알아들을 수 없으니 수업은 그야말로 소귀에 경 읽기였다. 당연히 질문도 하지 못했다. 그랬던 내가 수업을 들으면서 점점 영어에 익숙해지고 알아듣기 시작했다.

딱 내가 원하는 것을 가장 쉬운 문장으로 말할 수 있게 되었을 때 나는 호주로 워킹홀리데이를 떠나게 되었다. 그곳에서 새로운 삶을 시작하는 것을 배웠다. 그동안 내가 한국에서 누리고 있었던 그 모든 것을 되돌아볼 수 있는 계기였다. 로지라는 이름을 제외하면 나를 대변할 것이 아무것도 없었기에 처음부터 다시 시작해야 했다. 느리지만 하나씩, 차근차근 이뤄갔다. 그것은 영어이기도 했고, 낯선 곳에서 살아남기 위한 생존이기도 했다. 그 과정에서 한국에서는 경험할 수 없었던 세계를 만났다. 살아오면서 한 번도 보지 못했던 세상이었으며, 한 번도 꿈꿔 보지 않았던 꿈이었다. 그런데 영어라는 열쇠를 들고 앞으로 나아가자 수많은 문이 내 앞에 나타났다. 어떤 것이든 내가 선택만 하면 되었다. 내가 들고 있는 열쇠는 영어 하나였지만, 내 앞에 서 있는 문들을 모두 열 수 있는 만능키였다.

이 열쇠로 나는 내 미래를 미리 조금 열어 보았다. 잠깐 본 나의 미래는 어학연수를 떠나기 전 한국에서 상상했던 것과 차원이 달랐다. 할 수 있는 것이 더 많아졌고, 더 높은 곳을 바라볼 수 있게 되었다.

한국에 들어와 아이들을 가르치는 유치원에서 너무 행복한 시간을 보냈다. 매일 아침 아이들과 함께 하는 시간이 무엇보다 소중했다. 이 사랑스러운 아이들을 매일 볼 수 있다는 축복에 감사해하며 살았다. 그렇게 아이들을 가르치면서 어떤 사명감 같은 것이 생겼다. '아이들에게 영어만 가르치진 않겠다. 더 넓고 큰 세상을 보여주어야겠다.'라고 마음먹었다. 그래서 틈만 나면 아이들에게 많은 이야기를 해주었다. 교과서에서 배우는 내용보다 늘 더 많이 알려주려고 노력했다. 아이들에게 지금 배우면서 보고 듣고 경험하는 것보다, 세상에는 더 재미있고 흥미로운 것이 많다고 강조했다.

그러다 남편을 만나 같은 유치원에서 같은 반 담임을 맡게 되면서 내가 원했던 수업을 하게 되었다. 혼자선 할 수 없었던 모든 수업에 대한 피드백을 실시간으로 할 수 있게 되었다. 수업을 통해 발견한 아이들의 부족한 점을 연구하면서 새로운 수업을 만들어낼 수 있었다. 그 과정에서 아이들에게 조금씩 긍정적인 변화가 나타났다. 나는 변화된 아이들을 보며 우리의 수업에 확신이 생겼고, 그 확신은 다시 열정으로 아이들에게 돌아갔다. 그렇게 우리는 온전히 아이들만 생각하며 영어를 가르쳤다. 우리와 함께 생활했던 아이들에게 영어 실력뿐 아니라 더 나은 가치관과 생각이 생길 수 있기를 기대했다.

　선생님은 유치원에서 아이들과 길어야 3년 짧으면 1년 정도를 함께 생활하게 된다. 그러나 부모는 아이들과 평생을 함께 생활한다. 유치원에서 우리가 아이들에게 보여줄 수 있는 세상이 교실만큼이라고 하면 부모가 아이들에게 보여줄 수 있는 세상은 전 세계인것이다. 그러니 그 세상에 다가갈 수 있도록 부모가 더 많은 기회를 열어주어야 한다. 아이들에게 그 기회를 열 수 있는 열쇠인 영어를 쥐여 주어야 한다. 내가 영어를 할 수 있게 되면서 만났던 세상은 내가 특별해서 경험한 것이 절대 아니었다. 단지 영어를 사용할 수 있었기 때문에 만날 수 있었던 세상이었다. 그러니 아이들에게도 영어로 그 세계를 경험할 수 있도록 기회를 열어주었으면 한다.

유치원에서 아이가 아픈 것만큼 큰일도 없다. 한국어로도 아픈 것을 정확히 말하지 못하는 아이들을 위해, 이 표현을 미리 알려주어 연습을 충분히 해두자.

Teacher, I don't feel well.
선생님, 저 컨디션이 좋지 않은 것 같아요.

Oh no, what's wrong?
어디가 안 좋아요?

My tummy hurts.
배가 아파요.

06

영어는 결국 시간과의 싸움이다

—

People with goals succeed because they know where they are going.

It's as simple as that.

목표가 있는 사람은 성공합니다. 어디로 가고 있는지를 알고 있기 때문이죠.

성공은 그렇게 간단합니다.

– Earl Nightingale –

순서를 하나씩 밟아야 아이의 영어가 제대로 완성된다

흔히 인생을 마라톤에 비유한다. 길게 보고 달려가는 것이 마라톤과 비슷하기 때문이다. 영어도 마찬가지다. 달리기에 비유한다면 마라톤과 같다. 온 힘을 다해 시작부터 전력 질주해야 하는 것이 아닌, 멀리 보고 꾸준히 오래 달려야 한다. 앞으로 얼마나 더 가야 하는지 내다보고 계획을 세워 본인 속도에 맞게 달려야 한다. 안 그러면 중간에 만나게 되는 변수로 달리기를 멈추게 될 수도 있다. 그 변수는 내 안에서 일어날 수도 있고, 시시각각 바뀌는 외부의 환경에 의해 나타날 수도 있다. 특히나 달리기 선수가 어린아이일 경우 변수를 만들어 내는 외부의 환경은 부모가 될 가능성이 가장 크다.

영어를 시작하는 시점이 다 같을 순 없지만, 요즘은 아이가 어느 정도 한국어로 말을 시작하면 영어도 시작하는 것 같다. 영어를 배우기 시작하면서 아이는 이제껏 한국어를 배우기 위해 연습하며 걸어왔던 그 길을 다시 걷게 된다. 쉬운 단어를 알아가는 것부터 시작하여 점점 더 많은 단어를 알아가는 것으로, 그 단어들을 조합하여 문장을 만들어 내는 것으로 언어를 확장시킨다. 이 과정을 거치지 않는 아이는 단 한 명도 없다. 그러니 아이들이 이 순서를 꼼꼼하게 잘 밟고 지나갈 수 있도록 이끌어 줘야 한다.

문제는 부모들이 아이가 한국어를 배울 때는 모든 순서를 잘 밟을 수 있게 기다려 주지만 아이가 모국어도 아닌 외국어를 배우기 시작하면 이 순서를 뒤집어 놓는다는 것이다. 모든 아이가 태어나자마자 부모로부터 한국어를 매일 들으며 자라지만, 아이들의 말하는 시기는 다 다르다. 누구는 그 시기가 빠르기도 또 누구는 느리기도 하다. 이 시기에 아이가 말이 조금 느리다고 해서 학원을 보내거나 과외를 시키는 부모는 없을 것이다. 언젠가 아이가 말을 하리라는 것을 알고 있기 때문이다. 그런데 유독 외국어인 영어를 가르칠 때는 왜 조급한 마음으로 아이를 기다려주지 못하는 걸까?

아이들에게는 침묵기라는 것이 존재한다. 정보를 수집하는 인풋을 거쳐 밖으로 내보내는 아웃풋이 나오기 전까지의 기간. 이것을 보통 침묵기라고 부른다. 즉 인풋과 아웃풋 사이에 어느 정도 시간이 존재하는 것이다. 그런데 이 시간과 양은 정해진 것이 없어, 인풋이 아무리 많더라도 아웃풋으로 나오는 시기를 알 수 없다. 그러니 기다려줘야 한다. 아이 스스로 알을 깨고 나올 수 있도록 응원 해줘야 한다. 더 빨리 그 시간을 앞당기고 싶어 부모가 알을 깨주게 되면, 결국엔 처음부터 알을 다시 만들어야 하는 상황이 생길 수 있기 때문이다.

조급함을 버리고 아이의 입장에서 다시 생각해보자

그동안 영어를 배워온 우리를 돌아보자. 나의 기준으로 보자면 중학교 때 처음 영어를 시작하여 중학교 3년, 고등학교 3년 총 6년을 나라에서 제공하는 교육을 받았다. 그 이후로도 영어에 많은 시간을 투자했다. 그러나 지금까지도 늘 영어 공부에 대한 압박과 스트레스에 시달린다. 영어를 원하는 만큼 구사할 수 있고, 원어민 남편과 같이 살며 매일 영어를 사용하지만 늘 부족함을 느낀다. 학창 시절을 제외하고, 마음먹고 영어를 공부한 시간만 계산해 10년이라는 기간 동안 영어 공부에 시간과 돈을 투자했다. 한 분야를 10년 동안 꾸준히 하면 달인이 된다는데, 내가 유독 영어 앞에만 서면 작아지는 이유가 뭘까 생각해봤다.

그것은 조급함이었다. 빠르게 성과를 내고 싶어 하는 욕심이었다. 이러한 조급함과 욕심은 어디서부터 왔는지 생각을 거슬러 올라가 봤다. 그랬더니 거기에는 시험이라는 제도가 있었다. 우리들은 그동안 대학 입학을 위해, 졸업을 위해, 또 회사에 취직하기 위해, 끊임없이 시험에 시간과 노력을 투자했다. 불행히도 그 시험은 늘 높은 벽 위에 있었고, 항상 정해진 날짜가 있었다. 높은 벽을 넘는 자체도 버거운데, 정해진 시험 날짜까지 맞추려다 보니 조급함이 생길 수밖에 없었다. 게다가 이 시험에 통과하기 위해선 늘 말도 안 되는 단어의 양을 숙지해야 했다. 또 이해하지 못하는 문법의 산을 억지로 넘어야 했다. 내가 영어를 왜 공부해야 하는지 의문을 가질 시간조차 없었다. 그저 남들에게 뒤처지지 않게 따라가려면 무조건 해야 했다. 늘 시간은 부족했고, 소화하지 못할 양의 내용을 머릿속에 넣기를 반복했다. 그렇게 준비한 영어로 시험을 치르고 마침내 통과라는 문을 열고 들어가면 안도했다. 더는 뒤돌아보지 않았다. 이런 과정을 10년 정도 겪다 보니 영어는 어느덧 눈앞에서 빠르게 이루어야 할 단기 목표가 되어버린 것이었다.

문제는 여기서 생겼다. 이런 경험과 생각으로 영어를 대하고 살았던 우리가 아이들을 가르칠 때 이것을 그대로 대입하고 있었다. 부모는 유치원에서 영어를 배운 아이가 집으로 돌아오면 눈앞에서 사용하는 것을 봐야지 마음이 놓인다. 그제야 아이가 잘하고 있다는 생각이 드는 것이다. 특히 시험에 익숙해진 우리는 단어 10개도 잘 못 외우는 아이들을 보며 이해가 되지 않는다. 나 때는 하루에 100개도 거뜬히 외웠는데 하는 생각이 든다. 아이들의 영어 교육을 알다가도 모르겠다는 생각을 수십 번도 넘게 한다. 집으로 가지고 온 아이의 읽기 책을 보면서 너무 쉽다고 느낀다. 아이가 현재 수업하고 있는 반의 레벨이 과연 내 아이에게 맞는 것인지 의심이 들기 시작한다. 그러다 아이의 쓰기 책을 보면 어떻게 이런 어려운 문장 쓰기를 배우는지 다시 의문이 든다. 아이가 속한 반의 레벨이 아이에게 높은지 생각한다.

이렇게 생각이 드는 이유는 간단하다. 우리는 읽기에 강하고 쓰기에 약한 영어를 배웠기 때문이다. 그래서 아이들의 책을 보면 읽기는 쉽고 쓰기는 어려워 보이는 것이다. 모든 것은 부모의 기준에서 시작된 것이다. 그러니 부모는 이 사실을 꼭 짚고 넘어가야 한다. 절대 아이의 영어 수업을 부모의 기준에서 생각해선 안 된다. 자꾸 부모의 기준에서 보게 되니 내 아이를 더 높은 반에 올리고 싶고 더 빨리 결과를 보여주는 곳을 찾게 되는 것이다. 영어야말로 긴 호흡으로 꾸준히 가야 하는 공부다. 목표를 세운다면 단기 목표보다는 장기 목표가 더 어울린다. 게다가 그 목표가 사람마다 다르므로 남의 목표에 내 아이를 맞춰선 안 된다. 내 아이를 생각하지 않고 남을 따라 하다 보면, 내 아이는 결국 영어를 멀리하게 되는 결과를 낳게 된다. 만일 영어유치원으로 아이의 영어를 시작했다면, 영어유치원이 시작이라는 것을 명심해야 한다. 영어유치원을 출발선에 놓고 초등 중등의 교육을 계획해야 한다. 많은 부모가 영어유치원을 졸업하고 초등학교에 들어가면 아이의 영어가 다시 제자리로 돌아온다고 이야기한다. 그 이유는 영어유치원을 결승점이라고 생각하고 시작했기 때문이다.

아이가 태어나서 말을 시작할 때의 기쁨을 기억할 것이다. 단어 한 개씩 말하던 아이가 어느덧 문장을 말하게 된 그날. 또 문장을 이어서 본인의 생각을 말하던 순간을 말이다. 만약 아이가 지금 영어를 배우기 시작했다면, 그 과정을 지켜보면서 가슴이 벅찼던 기억을 다시 꺼내서 보기 바란다. 그리고 그 마음을 꼭 쥐고 아이가 영어를 배우는 과정을 함께 해주길 바란다. 영어는 결국 시간과 싸움이라서 누가 그 시간을 잘 활용하느냐에 따라 승패가 결정된다. 초반에 모든 시간을 쏟아부어도, 중반에 모든 시간을 쏟아부어도 안 된다. 마라톤 같은 긴 경주는 페이스 조절이 생명이다. 그 긴 경주를 완주하기 위해 꾸준히 달릴 힘을 비축해야 한다. 결국, 결승선에서 웃는 사람은 초반에 가장 빨리 달린 사람이 아니라 결승선을 통과한 사람이다.

방학이 끝나면 아이들은 저마다 어디 다녀왔는지 말하기 바쁘다. 선생님이 묻기도 전에 이야기를 풀어놓는 아이도 있다. 휴가는 어디로 다녀왔는지, 이렇게 간단히 말할 수 있다.

Where did you go on holiday?
어디로 휴가 다녀왔어요?

I went to Jeju Island.
제주도 다녀왔어요.

07 부모의 영어와 학부모의 영어, 그 차이

—

No matter how far you have gone on a wrong road, turn back.

아무리 멀리 갔더라도 그 길이 잘못된 길이라면 되돌아오세요.

– Anonymous –

아이를 영어와 멀어지게 만든 엄마의 선택

"휴, 오늘 미키의 어머님이 또 찾아오셨어. 레벨을 올려 달래."

"왜? 이제 겨우 적응했잖아?"

"그러게, 겨우 실력이 비슷해졌는데 또 올려달라고 했대, 그래서 내일부터 미키는 다른 반에서 수업하게 됐어."

집에 들어오자마자 남편이 속상한 얼굴로 말했다. 미키는 남편이 가르치는 반 학생 중 한 명이었다. 첫날 미키는 레벨테스트 후 파닉스반에 배

PART 5_영어로 아이의 꿈을 키우세요 · 301

정되었다. 그러나 이미 파닉스 수업을 이전 학원에서 배웠다며, 파닉스
반에 들어가길 원하지 않았다.

"아이가 모르는 부분이 너무 많습니다. 그러니 전체적으로 파닉스를 다
시 정리해주는 것이 아이를 위해서 가장 좋은 방법이에요."

어머님을 설득해봤지만, 소용이 없었다. 아이의 어머님은 무조건 높은
반에 아이를 넣어달라고 했다. 결국 아이는 엄마의 선택 때문에 높은 반
으로 들어가게 되었다. 당연히 첫 수업부터 아이는 힘들어했다. 파닉스를
제대로 마친 아이라면 쉽게 읽을 수 있는 단어들을 읽지 못했다. 같은 반
친구들은 선생님을 따라 잘 읽는 책의 내용을, 미키 혼자 읽지 못했다. 친
구들이 책을 읽어나갈 때마다 미키의 눈동자는 갈 곳을 잃었다. 수업이 진
행될수록 미키의 자신감은 점점 떨어졌다.

그렇게 일주일이 지나자 활발했던 미키는 온데간데없었다. 수업 시간에
한 명씩 책을 읽게 될 때면 미키의 목소리는 들리지 않았다. 수업을 따라
오는 속도 또한 친구들보다 현저히 떨어졌다. 분명히 미키는 이 반과 맞지
않았다. 계속 이곳에서 수업하다 보면 결국엔 영어가 싫어지게 될 것이 보
였다. 친구들은 다 잘하는데 나만 못하는 어려운 공부가 되어버리기 때문
이다. 그리고 곧 영어를 포기하게 된다. 부모가 학원을 가야 한다고 하니
몸을 끌고 와서 수업은 듣는다. 하지만 딱 거기까지다. 열심히 하려는 의

지도 없고, 이유도 없다. 단지 시간만 보낼 뿐이다. 수업이 이해되지 않으니 당연히 숙제를 안 한다. 숙제가 싫어서 안 한다는 것이 아니라 모르니할 수 없게 되는 것이다. 이렇게 몇 번이 계속되다 보면 아이는 숙제 안 해가는 것을 당연하게 생각한다. 선생님은 아이가 계속 숙제를 안 해오니 실력을 파악할 길이 없다. 수업 시간에 무엇을 이해했고, 무엇을 모르는지알 수 없다. 그러니 당연히 아이를 도와줄 수 없다. 이렇게 아이는 영어와점점 멀어지게 된다.

아이들을 가르치다 보면 이런 상황을 종종 만나게 된다. 놀랍게도 한 달에 한두 번은 꼭 이런 아이들과 아이들의 부모를 만나게 된다. 설마 내 아이 이야기는 아니라고 생각할지 모르겠다. 그렇다면 아이에게 물어보길바란다. 수업이 재미있는지 묻는 것이다. 아이가 수업을 완전히 이해하고있다면 재미있다고 답할 것이다. 하다못해 선생님이 수업시간에 해준 어떤 이야기가 재미있었다고 말 해줄 것이다. 중요한 것은 재미있다고 말하는 부분이 한 개라도 있어야 한다는 것이다. 만약 아이에게 이런 말을 들을 수 없다면, 아이와 공부하고 있는 내용의 수준이 비슷한지 확인해볼 필요가 있다. 부모님들은 이렇게 생각한다. '당연히 공부는 재미가 없지. 공부가 재미있는 아이는 똑똑해서 공부를 잘하는 아이들만 그렇게 생각하는 거야.' 하지만, 아이들을 가르치는 선생님으로서 감히 말할 수 있다. 아이들은 이유 없이 공부가 재미없다고 말하지 않는다. 적어도 내가 가르쳤던 아이들은 공부가 재미있다고 했다. 그 이유는 무엇일까? 바로 아이의 수준에 맞는 공부를 했기 때문이다.

성인도 내가 이해할 수 있는 정도의 새로운 정보를 배워야 재미있어한다. 아이들도 마찬가지이다. 너무 어렵지 않은 내용을 배운다면 아이들은 재미있어한다. 그렇다고 너무 쉬운 것을 배우게 하라는 것은 아니다. 아이가 80% 이해할 수 있는 내용을 공부하면 나머지 20%가 어려워도 즐겁게 해낸다. 그런데 많은 부모님이 반대로 아이들에게 주문한다. 20%만 알아도 80%를 배워야 하는 곳에 아이를 밀어 넣는다.

학부모들 사이에서 아이의 영어 실력을 기준 짓는 책

초등학교 고학년의 아이를 둔 부모들 사이에서 아이의 영어 실력을 파악하는 잣대가 있다고 한다. 바로 아이가 어떤 책을 읽고 있는지 확인하는 것이다. 조앤 K.롤링의 『해리포터』를 읽거나 메리 폽 어즈번의 『매직 트리하우스』를 읽는 것으로 아이들의 레벨을 측정한다고 한다. 처음 이 이야기를 들었을 때 농담하는 줄 알았다. 그런데 실제 커피숍에서 옆 테이블에 앉은 어머님들의 이야기를 듣고 사실이라는 것을 알게 되었다. 너무 놀라 들고 있던 커피 컵을 놓칠 뻔했다. 아찔했다. 이야기를 듣는 동안 실제 그 아이들의 영어 실력이 어느 정도 되는지 알 수는 없었다. 하지만 이미 그것은 중요하지 않았다. 어떤 레벨을 아이가 읽고 있는지 서로 자랑하듯 이야기하는 것으로, 이미 아이의 영어 실력이 정해졌기 때문이다.

우선 『해리포터』나 『매직 트리하우스』 책은 아이의 영어 실력을 기준 짓는 책이 될 수 없다. 이유는 책을 읽어보면 안다. 『해리포터』를 읽어보셨는가? 나는 개인적으로 판타지를 너무나 좋아하는 사람으로 이 책을 꽤 즐겁게 읽었다. 영화도 보았다. 한두 번 본 것이 아니라 여러 번 보았다. 그래도 이해가 안 되는 부분이 있었다. 이유는 처음 보는 단어들이 많았고 이야기의 내용이 얽히고설켜 있기 때문이었다. 그런데도 아이들이 이 책을 읽은 후 부모의 질문에 답을 할 수 있는 이유는 대화체의 스토리 때문이다. 각 장의 내용을 얼마나 이해했는지는 중요하지 않다. 주인공들의 대화만 읽어도 내용 파악이 가능하기 때문이다. 부모들은 이 부분을 간과하고 아이들에게 묻는다. '이 책은 무슨 내용이야?' 그러면 아이는 어렵지 않게 이야기한다. 가끔 재미있는 장면을 묘사하기도 한다. 그 때문에 언뜻 다 이해한 것처럼 보이는 것이다. 하지만 아이들에게 조금만 자세히 질문하면 알 수 있다. 많은 아이가 책의 내용을 정확히 이해하지 못하고 있다는 사실을 말이다.

『매직 트리하우스』는 한두 권 읽어서 이해할 수 있는 책이 아니다. 전 레벨의 내용을 다 읽어야 이해할 수 있다. 책의 이야기 속에 또 다른 책의 이야기가 들어 있기 때문이다. 예를 들어, 우리가 드라마를 보는 것과 같다. 드라마를 보면 한편만 봐도 그편의 내용을 대충 이해할 수 있다. 하지만 주인공이 이 장면에서 왜 이런 대사를 하게되었는지 정확하게 알기위해선 모든 편을 다 봐야 알 수 있다. 『매직 트리하우스』가 딱 이런 책이다. 그 때문에 첫 레벨의 책부터 차근차근 읽고 올라가지 않으면 이야기를 다 이해할 수 없다. 그러나 이 책을 읽는 한국 아이들은 첫 레벨부터 읽지 않는다. 아이가 지금 2학년이라면, 부모는 미국 아이들이 읽는 2학년 레벨이나 한 단계 높은 레벨을 읽게 한다. 그러니 당연히 완벽하게 이해할 수가 없다. 게다가 미국 아이들은 그 2학년 단계를 읽기 이전부터 영어를 듣고 말하며 살아왔다. 같은 나이라고 해도 영어를 구사하고 이해하는 폭이 다른 것이다. 지금 단순히 내 아이가 그 레벨의 책의 단어를 알고 있다고 해서 아이의 영어 실력이 그 책의 레벨이라고 생각하면 안 된다.

무조건 쉬운 책부터 시작해야 한다. 그리고 아이 스스로 레벨을 올릴 수 있도록 해야 한다. 부모가 레벨을 정해주지 말라는 것이다. 아이들은 스스로 본인의 레벨에 맞는 책을 선택할 수 있다. 다만 시간이 조금 걸릴 뿐이다. 하지만 충분히 기다릴 만한 가치가 있는 일이다. 아이는 여러 책을 보며 본인에게 맞는 책을 고른다. 그러다 자신의 레벨에 맞는 책을 찾으면, 책을 보고 또 본다. 읽으면 읽을수록 내용이 재미있게 들어오기 때문이다. 만약 아이가 책을 앞부분의 몇 장만 보고 읽지 않는다면 그 책은 아이의 레벨에 맞지 않는다고 생각해도 무방하다. 물론 그 책이 아이의 관심사가 아닐 수도 있다. 하지만 대부분은 이해가 되지 않아 읽지 않을 가능성이 가장 크다.

부모와 학부모의 차이는 여기서 나온다. 부모는 아이들의 교육을 위한 가이드라인을 잡아주는 사람이다. 예를 들어 아이가 영어책에 관심을 가진다면 영어책을 쥐여 준다. 대신 아이가 원하는 것으로 아이가 선택하게 한다. 그것이 설령 너무 쉬워 보이거나 혹은 어려워 보이더라도 우선 아이의 선택을 존중해준다. 그리고 기다려 준다. 아이 스스로 그 책을 읽으면서 본인에게 맞는 것인지 아닌지 알게 해준다. 하지만 학부모는 아이들을 위해 스케줄을 짜준다. 아이가 책에 흥미를 보이면 책을 사준다. 아이에게 책을 고를 선택권은 없다. 부모의 기준으로 책을 골라준다. 그리고 아이가 그 책을 다 읽으면 더 높은 레벨을 찾아준다. 아이가 책을 얼마나 이해했는지는 확인하지 않는다. 부모와 학부모의 차이는 여기서 나온다. 부모는 아이에게 맞추지만, 학부모는 부모에게 맞춘다.

아이와 함께하는 하루 10분 영어 한마디

주말이 지나고 월요일이 되면 선생님이 물어보는 질문이 있다. 주말에 뭐 했는지, 누구와 있었는지 같은 질문이다. 그 질문에 책을 읽었다고 답하는 아이들이 꽤 많다. 이런 아이들의 답변에 선생님은 항상 이렇게 다시 질문한다.

How many books did you read this weekend?
주말에 몇 권의 책을 읽었어요?

I read five.
5권 읽었어요.

10년 후 미래를 아이와 함께 그려라

—

Nothing is impossible, the word itself says "I'm possible!"
불가능은 없어요. 그 단어 자체가 '나는 할 수 있어.'라고 말하고 있잖아요.

– Audrey Hepburn –

꿈에 그리던 그곳, 옥스퍼드에 도착하다

드디어 버스의 문이 열렸다. 몇 시간 전만 해도 런던 중심에 있던 나는 어느덧 옥스퍼드에 도착해 있었다. 세계적인 명문대 중 가장 와보고 싶었던 곳. 바로 그곳에 오게 된 것이다. 딱히 대학을 다시 들어가고 싶거나 유학을 하러 가고 싶은 것은 아니었다. 하지만 나에겐 로망이 있었다. 수많은 책에서 또 미디어에서 만날 때 마다 옥스퍼드는 꼭 한 번 가보고 싶은 나의 버킷리스트였다. 실제 도착해서 바라본 옥스퍼드는 내가 상상하던 이상의 곳이었다. 내가 곳이라고 설명하는 이유는 옥스퍼드라는 것이

딱 대학을 지칭하는 것이 아니었기 때문이다. 어디부터 어디까지가 대학교인지 알 수 없을 정도로 마을 자체가 하나의 거대한 대학교처럼 보였다. 학생들이 내뿜는 에너지가 여기저기서 느껴지고 끝없이 펼쳐지는 캠퍼스는 과연 거대한 옥스퍼드의 환상을 만들어 내기에 충분하다고 생각했다.

마침 내가 도착하자마자 공연이 열렸다. 길거리에서 아카펠라부터 비보잉 댄스까지 마치 작은 축제 같았다. 그 중심에 옥스퍼드 학생들이 있었다. 같은 색의 후드티를 입고 있었다. 손뼉을 치며 관객 호응을 끌어내며 공연을 이어가더니 어느덧 많은 사람으로 둘러싸이게 되었다. 공연을 넋을 놓고 보다가 이내 시간이 부족하다는 생각에 정신이 번쩍 들었다. 발길을 돌리려 할 때, 어떤 학생이 포스터 하나를 내게 주었다. 그 포스터는 비보잉 동아리에 들어보라는 홍보 전단이었다. 순간 포스터를 받아 든 손을 바라보며 마치 내가 옥스퍼드의 학생이 된 듯 착각이 들었다. 아니 옥스퍼드 학생이 되고 싶었다.

마음을 애써 누르며 발걸음을 재촉한지 얼마 지나지 않아, 웅장한 건물 앞에서 발길을 멈추게 되었다. 그리고 주저 없이 건물 안으로 들어가게 되었다. 그 건물의 내부는 마치 강의실처럼 보였다. 높은 천장과 돌로 된 벽으로 빙 둘린 거대한 공간이었다. 과연 이곳에서 수업하면 없던 학구열도 불타오를 것 같았다. 학우들과 끝도 없는 지식을 나눌 것만 같았다. 전율이 느껴졌다. 정신을 차리고 서둘러 강의실을 나오니, 다른 건물과 연결된 길이 끝도 없이 펼쳐졌다. 그 길을 따라 건물 사이를 지나다니며, 곳곳에서 많은 학생을 만났다. 기숙사 창문을 활짝 열고 창틀에 걸터앉아 노트북으로 무언가를 열심히 타이핑하는 학생. 그 아래 벽에 기대어 끊임없이 아이디어를 주고받고 있는 학생. 잔디밭에 누워서 토론을 벌이고 있는 학생들까지. 내가 상상하던 대학 캠퍼스의 모습 그 자체였다. 학생들의 모습은 여유 있어 보였지만 치열했고, 자유로워 보였지만 규율 안에 있었다. 그들을 보며 왠지 모를 부러운 마음이 또다시 한가득 들었다.

만일 내가 옥스퍼드 학생이라면, 나도 저들 중 한 명이었겠지 하는 생각을 멈출 수 없었다. 학생들이 공부하는 모습이 너무 아름다웠다. 화장을 예쁘게 한 학생도 옷을 빼어나게 잘 입은 학생도 없었지만, 공부에 열중하는 그 모습이 그렇게 아름다울 수 없었다. 이곳에 있으면 저절로 공부가 될 것 같은 느낌이었다. 내가 평생 배울 수 없는 지식과 경험을 쌓을 수 있을 것 같았다. 이런 생각이 꼬리에 꼬리를 물 때쯤, 지나온 내 학창 시절이 너무 아깝게 느껴졌다. 나의 학창 시절엔 무엇 하나 열정이 없었다. 흥미를 느끼고 열심히 한 것이 하나도 없었다. 학교에 도착하면 빨리 하교 시간이 되기만 기다렸다. 당시 나의 소망은 딱 하나였다. 이 길고 긴 시간이 얼른 끝나길 바라는 것뿐이었다.

수능을 끝내고 나오던 그 날, 나는 세상 그 누구보다도 행복함을 느꼈다. 시험점수가 좋고 나쁨은 그다음 일이었다. 우선 내가 그 지옥 같은 곳에서 잠시나마 나올 수 있었다는 것에 감사했다. 아니 그 지옥 같은 곳을 영원히 나온 것이라 확신했다. 다시는 돌아가고 싶지 않았다. 기억 속에서 떠올리기도 싫었다. 그것이 내 학창 시절 기억의 전부다. 그런데 한국도 아닌 영국에서, 그것도 학교라는 장소에서 다시 그 시절로 돌아가고 싶다는 생각을 가지게 됐다니 아이러니했다. 그냥 돌아가고 싶은 것뿐이 아니었다. 할 수만 있다면 그 어떤 것이라도 지불할 수 있을 것 같았다. 내가 지금 옥스퍼드에서 보고 듣고 느끼는 이 감정만 가지면, 어떤 일이든 해낼 수 있을 것 같았다.

이때 생각했다. 나중에 내 아이가 학교에 다닐 수 있는 나이가 되면, 이곳에 다시 와야겠다. 여기서 보고 느낀 것을 내 아이에게도 경험시켜 주어야겠다고 다짐했다. 아이가 공부를 좋아하고 잘하고 싶어 할지 알 수 없었지만, 이 경험이야말로 내가 아이에게 새로운 길을 보여주는 최고의 방법일 것이라 생각했다.

10년 후 아이의 미래는 지금 결정된다

10년 후 미래를 그려보는 것은 인생을 살아가는 데 너무 중요하다. 아이뿐 아이라 부모에게도 중요한 과정이 될 수 있다. 그 과정에서 아이와 부모는 진정으로 원하는 것이 무엇인지 발견하게 될 것이다. 그것이 잊고 지냈던 오래된 꿈이었다면, 그 꿈을 다시 꺼내 보는 계기가 되는 것이다. 나는 내 이름으로 된 책 하나를 출판하는 것이 오랜 꿈이었다. 하지만 나도 남들처럼 바쁘게 생활하며, 아이를 낳고 육아를 하면서 잊고 있었다. 육아에 익숙해져 가면서 몸은 편해졌지만, 머릿속은 점점 복잡해졌다. '나는 누군가!'에 대한 생각이 끊이지 않았다. 그 답을 찾고자, 아이가 잠을 자는 시간에 책을 읽기 시작했다. 책을 읽으며 내 인생에 대해 생각하게 되었다. 그러다 책을 쓰고 싶었던 꿈이 생각났고 그 꿈을 이루고 싶어졌다. 그 방법을 찾기 시작하다 〈한국책쓰기1인창업코칭협회〉의 김태광 대표님을 만나게 되었다. 대표님을 만나기 전 나는 책을 쓰려면, 어떤 것으로도 먼저 성공을 해야만 가능하다고 생각했다. 인생을 오래 살아봐야 한다고 생각했다. 그러나 대표님은 누구나 책을 쓸 수 있고, 지금 당장 책을 써야만 한다고 했다. 그 말 한마디가 내 생각을 바꿔놓았다.

그 말이 맞았다. 책을 쓰면서 나는 나 자신을 돌아보게 되었다. 아이들에게 영어를 가르치면서 지나왔던 시간이 하나둘씩 기억나기 시작했다. 그 기억 속의 대부분은 많이 행복했지만, 부끄러운 부분도 미안한 마음도 들어 있었다. 최선을 다해 가르쳤다고 생각했지만 늘 그렇듯 아쉬움도 남아 있었다. 그래서 이 책을 통해 같은 고민을 하고 있을 많은 사람과 이 경험을 나누고 싶었다. 내 경험이 그 사람들에게 조금이나마 도움이 되기를 바랐다.

10년 후 미래를 아이와 함께 그려봤으면 좋겠다. 아이의 미래를 아이와 함께 그리되, 부모는 아이의 미래를 그리는 것만 함께하길 바란다. 그 미래를 이루고 이끌어가는 것은 전적으로 아이의 몫으로 남겨주는 것이다. 설령 그것이 부모가 보기에 실패하는 것처럼 보일지라도 아이의 의견을 묻지 않은 채 개입하지 않았으면 한다. 대신 아직 경험해보지 못한 것을 미리 가본 인생의 선배로서 아이의 선택에 긍정적인 확신을 심어주고, 믿음으로 응원해주길 바란다. 아이에게 10년의 목표를 세우는 연습을, 그 목표를 계속 수정해갈 힘을 끊임없이 지지해주는 것이다. 이 과정을 통하여 아이의 영어 미래를 보다 크고 높게 그릴 수 있길 희망한다.

아이와 함께하는 하루 10분 영어 한마디

일기를 쓰는 시간, 아이들은 늘 얼마나 써야 하는지 질문을 한다. 적어도 세 문장을 써달라고 이야기를 하지만, 쓰다 보면 늘 다섯 줄을 넘기기 일쑤다.

Teacher, how many sentences do I need to write?
선생님, 몇 문장을 적어야 해요?

Please, write at least three full sentences.
적어도 긴 세 문장을 적어주세요.

영어를 가르치지 말고
함께 공부해보세요

영어유치원 선생님으로 아이들을 가르쳐오며 가지게 된 꿈이 있었다. 그것은 나의 교육 철학과 이념을 담은 유치원을 설립하는 것이었다. 매달 끝내야 하는 책의 진도 때문에 아이들과 시간 싸움을 하며 수업하는 곳이 아닌, 아이들의 호기심을 충족시켜주고 친구들과 첫 사회생활을 즐겁게 경험할 수 있는 곳을 만들고 싶었다. 아이들이 유치원에서 보고, 듣고, 배우는 모든 것을 부모님과 공유할 수 있는 곳을 만들고 싶었다. 식사시간에는 건강한 음식을 먹으며 자랄 수 있는 환경을 제공하고 싶었다. 이러한 생각이 더는 꿈이 아닌 목표가 된 계기는 바로 딸아이가 태어나면서부터였다.

아이가 태어나서 처음 만나게 되는 선생님과 좋은 기억을 가지길 바랐다. 내가 유치원 현장에서 선생님으로서 아이들을 가르치다 보니, 선생님의 역할이 아이들에게 얼마나 중요한지 알게 되었다. 선생님의 말씀 한마디가 아이의 습관을 바꾸고, 아이의 미래를 바꿀 수 있다는 사실을 알게 되었다. 그 때문에 나는 영어를 가르치는 선생님이었지만, 영어만 가르치지 않았다. 아이들의 마음을 읽으려 노력했고, 아이들의 자신감과 자존감을 끌어올리기위해 최선을 다했다.

우리반 아이들은 이러한 과정으로 더 편안하게 영어를 받아들이고 사용할 수 있게 되었다. 많은 부모님이 이렇게 말씀하신다. 내가 영어를 못 하기 때문에 아이를 가르치질 못한다. 아이에게 책을 읽어주면 아이가 발음을 지적해 자꾸 의기소침해진다. 이런 부모님들께 아이들을 가르치지 마시고 함께 공부해보는 것은 어떨지 말씀드리고 싶다. 현장에서 아이들을 가르치는 나도 모르는 단어를 만날 때가 있다. 아이들에게 선생님도 이거는 모르는 단어이니, 같이 알아보자고 하면 아이들은 나를 놀린다거나 선생님인데 왜 그것도 모르냐며 핀잔을 주지 않는다. 대신 눈을 반짝이며 빨리 같이 알아보자고 하며 더 적극적으로 변한다.

부모님들께서 가지고 있는 틀을 깨라고 말씀드리고 싶다. 아이는 엄마의 영어 실력을 절대 평가하지 않는다. 다만 아이라 솔직해서, 혹은 궁금해서 묻는 것뿐이다. 아이의 한마디 한마디에 큰 의미를 두지 말라는 것이다. 대신 엄마도 모르니 같이 공부하자고 하면 아이들은 더 좋아한다. 엄마도 모르는 것을 나는 알고 있다는 사실을 아이들은 즐거워하고 자랑스러워한다. 아이들은 절대 엄마와 아빠를 영어 때문에 무시하지 않는다는 사실을 다시 한번 알려드리고 싶다.

내 아이가 앞으로 걸어갔으면 하는 길이 부모에게는 적어도 하나씩은 존재한다. 나의 부모님 또한 나에게 그 길을 걷게 해주기 위해 큰 노력을 하셨다. 당신께서 걷지 못한 길이었기 때문에 하나라도 더 해주시려 많이 노력하셨다. 그런 내가 부모님이 원했던 길로 얼마만큼 걸어왔는지 모르겠지만, 한 가지 확실한 것은 부모님께서 보여주신 길이 나에게는 무척이나 즐겁고 멋진 길이었다는 것이다. 내 의견을 한결같이 지지해주셨기 때문에, 나는 많은 것을 행복하게 경험할 수 있었다. 늘 나의 편에서 나를 걱정해주시고 한없이 큰 사랑을 주신 사랑하는 나의 엄마 아빠께 그동안 표현하지 못했던 감사한 마음을 책을 통해 크게 전하고 싶다.

또 새로운 나라에서 찾은 또 하나의 멋진 남아공 가족인 브론, 베브, 나타샤, 마크 그리고 나의 남편 로버트와 딸인 연아에게도 감사의 인사를 전한다.

I'd like to thank my beautiful South African family. My amazing mom Bev, my handsome dad Bron, my stunning sister Tashie, and Liverpool's biggest fan Mark. I'm so lucky to have a family from the other side of the world. You guys have opened my eyes to the true meaning of family. I love you all so much.

Without your positive, never take no for an answer attitude this book would have never been possible. There are no words to describe how thankful I am for all your love and support. You are my best friend, the world's greatest father, and a dream husband. Robert, I love you so much and I enjoy every moment we spend together. Even an ordinary day spent with you is extra ordinary. I'm so grateful that we share the same vision for the future. I can't wait to spend the rest of my life with you.

Lastly, I want to thank my one and only beautiful daughter Rebecca. Since you came into my life you have changed the way I see the world. Now is the greatest time to be alive and I am so excited to share each new day with you. I love you my baby.

마지막으로 이 책을 세상 밖으로 나올 수 있도록 시작부터 끝까지 함께 해주신 〈한책협〉과 출판사 관계자분들에게 감사의 인사를 전한다. 더불어 이 책을 끝까지 읽어주신 독자 여러분께도 감사의 인사를 드린다.